致密碎屑岩储层流体判别方法

杜增利　徐峰　刘福烈　著

U0260093

科学出版社

北　京

内 容 简 介

　　常规的基于海相砂岩的流体判别方法在致密碎屑岩中遇到挑战，在覆压孔、渗特征分析基础上，本书提出了反映速度和密度变化特征的 AVO 近似方法和不依赖纵横波速度比假设的纵波速度、横波速度、密度重构算法，并依据典型致密砂岩段的实验室测定结果构建了流体判别因子。

　　本书可供地球物理勘探工程师与物探管理人员参考，也可作为大专院校相关专业师生的参考书。

图书在版编目(CIP)数据

致密碎屑岩储层流体判别方法 / 杜增利, 徐峰, 刘福烈著.
—北京：科学出版社，2015.5
ISBN 978-7-03-044300-7

Ⅰ.①致… Ⅱ.①杜… ②徐… ③刘… Ⅲ.①碎屑岩-孔隙储集层-储集层流体流动-研究 Ⅳ.①TE312

中国版本图书馆 CIP 数据核字 (2015) 第 100646 号

责任编辑：罗　莉 / 责任校对：陈　靖
责任印制：余少力 / 封面设计：墨创文化

科 学 出 版 社 出版
北京东黄城根北街16号
邮政编码：100717
http://www.sciencep.com

成都创新包装印刷厂印刷
科学出版社发行　各地新华书店经销
*

2015 年 5 月第 一 版　　　开本：B5 (720×1000)
2015 年 5 月第一次印刷　　印张：7 1/4
字数：148 千字
定价：69.00 元

前　言

随着勘探程度不断深入,以低孔、低渗为特征的致密碎屑岩储层的储层预测与流体判别方法备受关注。与海相砂岩不同,受沉积环境影响,致密碎屑岩储层横向非均质性强,油气富集不只与构造有关,更与致密背景下相对高孔、高渗储层的发育状况关系密切,其孔隙流体的性质、分布异常复杂。

利用地震资料进行孔隙流体判别主要有两种方式:一种是利用多波、多分量地震记录中的转换横波信息研究介质的岩石物理参数特征,但其处理、解释方法目前仍处于探索、研究阶段;另一种是利用常规纵波地震资料中携带的隐含岩性信息研究介质的岩石物理参数特征,也就是叠前反演技术,包括AVO/AVA 和叠前弹性反演。

目前,利用 AVO 进行流体检测主要采用 Shuey 两项近似及其衍生方法,其假设条件在陆相碎屑岩储层并不成立;利用弹性阻抗进行流体检测时主要采用交会分析方法,而交会图法严重依赖研究者的实际工作经验,其判别结果往往因人而异。

苏里格气田致密储层段纵、横波速度比约为 1.7,相对于速度变化率而言,含气砂岩段的密度变化率相对较低,据此提出新的反映速度和密度变化特征的 AVO 近似方程,理论模型反射系数计算和实际资料分析表明,该近似方法精度高;结合依据实验室测定结果构建的流体判别因子,新的 AVO 分析方法能够较准确地预测孔隙流体。在利用弹性阻抗进行流体判别方面,在分析目前业界广泛应用的重构算法及其假设基础上,提出了不依赖纵、横波速度比假设的纵、横波速度和密度重构算法,Marmousi2 模型的测试结果表明,在最大入射角超过 30° 时,改进算法可以准确重构各项参数。最后,在综合分析全波列测井资料和岩心样本的实验室测定结果基础上,通过 AVO 正演模拟与反演、叠前弹性阻抗反演并利用多角度弹性阻抗重构岩石物理参数、叠后储层参数反演、地震属性分析等多种方法的综合应用,探索了致密碎屑岩储层的流体判别方法。

由于作者水平有限,错误和疏漏之处在所难免,敬请读者批评指正。

2015 年 3 月

目　录

第1章　绪　　论

1.1　问题的提出

随着勘探程度不断深入,以低孔、低渗为特征的致密碎屑岩储层日益引起勘探界的关注。致密碎屑岩储层的最大特点是非均质性极强,油气富集不只与构造有关,更与致密背景下相对高孔、高渗储层的发育状况关系密切,且孔隙流体的性质、分布异常复杂,其判别方法更是一世界性难题。

致密碎屑岩储层的孔隙度和渗透率都低于常规储层,且一般埋藏较深、构造也相对平缓(王泽明,2010),因而被划分到非常规天然气大类中。致密只是一个相对的概念,因资源状况和技术手段不同,不同国家、不同时期的划分标准亦有所不同。Spencer 将致密砂岩储层划分为高孔隙度致密砂岩储层和低孔隙度致密砂岩储层两大类。其中,高孔隙度致密砂岩储层为渗透率小于 0.1 mD 的粉砂岩(孔隙度 10%~30%)和细砂岩(孔隙度 20%~40%);而低孔隙度致密砂岩储层的孔隙度为 3%~12%,渗透率小于 0.1 mD(Spencer,1985;1989)。

致密含气砂岩的概念最早出现在美国,美国于 1978 年就在天然气政策法案中规定,砂岩储层的天然气渗透率小于 0.1 mD 的气藏才可以被定义为致密砂岩气藏;美国联邦能源委员会也把致密含气砂岩定义为空气渗透率小于 0.1 mD 的砂岩。关德师等(1995)则认为,致密砂岩气是指储层的孔隙度低(< 12%)、渗透率较低(< 1 mD)、含气饱和度低(< 60%)、含水饱和度高(> 40%)、天然气在其中流动较为缓慢的、砂岩中的非常规天然气。赵靖舟(2012)在对非常规油气概念进行系统分析的基础上,指出常规砂岩气和致密砂岩气均属于源外型非常规气藏,与常规砂岩气相比,致密砂岩气储层必须经过压裂才能获得经济产能,其物性表现为绝对渗透率低于 2 mD。结合国内外低渗透致密气藏的研究成果,赵靖舟将气藏按其渗透率分为三大类:① 常规气藏,气层渗透率大于 10 mD;② 低渗透气藏,气层渗透率 2~10 mD;③ 致密气藏,气层绝对渗透率小于 2 mD。总之,对于致密砂岩储层的界定,储层孔隙度的标准相差较大,而渗透率的划分标准却基本一致,都强调了致密砂岩储层的低渗透率特征。

勘探开发实践表明,中国天然气资源丰富,总资源量达 38×10^{12} m^3,但品位差异悬殊(王涛, 1997; 李剑, 等, 2001; 付金华, 等, 2001; 田昌炳, 等, 2003, 杨华, 等, 2012), 在已探明的天然气储量和尚未探明的剩余天然气资源中, 属高丰度、高效的天然气资源量约占总量的 1/3, 而低效资源量却占到了总量的 2/3。

苏里格气田位于鄂尔多斯盆地中北部, 勘探面积约 20 000 km², 天然气资源量约 1.80×10^{12} m³, 预测储量 1 571.52×10⁸ m³, 是迄今为止中国石油天然气集团公司在陆上找到的面积最大、规模最大的低压、低渗、低丰度的砂岩岩性气藏。苏里格气田是低效致密砂岩气田的典型代表, 以低渗透率、低孔隙度、低丰度且强非均质性为特征, 且有效砂体叠置模式复杂、连通性差。目前, 已发现上古生界二叠系下石盒子组盒 7 段、盒 8 段、山西组山 1 段、山 2 段及下古生界奥陶系马家沟组马五段等多套含气层段, 其中, 盒 8 段、山 1 段的天然气勘探始于 1999 年, 2000 年油气勘探获得重大突破。自 2001 年苏五区块第 1 口探井——苏 5 井钻探成功以来, 先后钻探了苏 25-12、苏平 2 等 8 口井, 但获无阻流量 1.5×10^4 m³/d 以上的井仅有 5 口(含苏 5 井), 其他的均为微气(干)井或水井。截至 2009 年 5 月底, 苏五区块共完钻 179 口井, 按照中国石油长庆油田分公司的划分标准, I 类井 85 口, II 类井 64 口, I+II 类井占 83.2%, III 类井 30 口, 占 16.8%; 除主力产层盒 8 段之外, 纵向上还发现了盒 7 段、山 1 段、山 2 段和太原组气藏。

多年的勘探、研究成果表明, 苏五区块盒 8 段储层为处于潮湿沼泽背景下、距物源有一定距离的叠合砂质辫状河砂体, 有效储层以高能水道中的粗岩相心滩为主, 岩性及厚度空间变化大, 含水饱和度较高, 气水关系复杂。截至目前, 探索性的 AVO 分析和叠前弹性阻抗反演等流体检测工作取得了积极的阶段性成果, 但还难以有效识别含气富集区。因此, 探索、研究适合本区的流体判别方法至关重要。

1.2　国内外研究动态

地震勘探是利用地下介质弹性和密度的差异, 通过观测和分析大地对人工激发地震波的响应, 推断地下岩层的性质和形态, 其终极目标应该是根据炮域地震记录估算地下介质的岩石物理参数, 如纵波速度、横波速度、密度, 甚至各向异性参数(何樵登, 1988; Aki, et al., 1980; Yilmaz, 1987; Sheriff, 1991)。反射法地震勘探源于 1913 年前后 R. 费森登的工作, 1921 年, J. C. 卡彻在美国俄克拉荷马州首次记录到人工地震产生的、清晰的反射波, 之后, 反射法地震勘探进入工业化应用阶段。20 世纪 70 年代前, 地震勘探的主要目的就是查明地质构造的形态; 20 世纪 70 年代, 开始利用地震勘探研究岩性和岩石孔隙中所含流体的性质,即根据地震时间剖面上的振幅异常来判定气藏的"亮点"分析,根据反射地震波振幅与炮检距(入射角)的关系来预测油气藏的 AVO 分析;20世纪 80 年代,开始利用反射地震波振幅来推算地层的波阻抗和层速度,即叠后纵波阻抗反演,地震勘探从以构造勘探为主向岩性勘探的方向发展。

利用地震资料进行孔隙流体判别目前主要有两种方式:一种是利用多波、多分量地震记录中的转换横波信息研究介质的岩石物理参数特征,其优点显而易见,即转换横波携带着丰富的岩性信息,但其处理、解释方法目前仍处于探索、研究阶段,且要求投入的资金非常大;另一种是利用纵波地震资料中携带的隐含岩性信息研究介质的岩石物理参数特征,这就是常说的叠前反演(包括 AVO/AVA 和叠前弹性反演),也就是本书的主要研究内容。

地震属性(seismic attributes)是近十几年才提出的一个术语,广义来讲,叠前反演也应该纳入到地震属性研究中来。所谓地震属性(Michelena, et al., 1998; Marfurt, et al., 1998; Marfurt, et al., 1999; Gersztenkorn, et al., 1999a; Gersztenkorn, et al., 1999b; Brown, 1996; Bahorich, et al., 1995; Cohen, 1997),就是从地震数据中提取出的、能够反映储层特征或含油气性特征的参数,如振幅、频率、相位、能量、波形、比率和相干性等,过去一般将其称为地震参数、地震特征、地震信息等(Leary, et al., 1988; Barnes, 1991, 1993; Jones, 2000; Matteucci, 1996; Mazzotti, 1991; Robertson, et al., 1988; Ronen, et al., 1994; Sheriff, 1991)。尽管地震属性是近十几年才提出的,但自 1920 年 Haseman 等应用地震勘探寻找油气以来,从最早利用双程反射时间寻找构造圈闭,到利用岩层的纵波阻抗寻找岩性圈闭,发展到目前利用多属性分析进行储层综合预测,地球物理学家在实际工作中一直在使用地震属性(Kalkomey, 1997; Russell, et al., 1997; An, et al., 2001; Hampson, et al., 2001; Chen, G., et al., 2008)。第67 届地球物理年会对地震属性进行了专题讨论,西方地球物理公司的 Chen 等(1997a)发表的《地震属性技术的进展》一文,介绍了当今世界地震属性技术的最新进展,此后,国际上统一采用"地震属性"一词。

作为地震储层预测的主要技术手段之一,到目前为止还没有一个较为完整的、统一的地震属性列表,这是因为不同的学者采用的分类角度不同,且不同的研究区对属性的敏感程度也不尽相同,更何况属性的提取种类还在不断创新和发展。Taner 等(1994)将地震属性分为物理属性和几何属性;Brown(1996)则按其定义和作用分为时间属性、振幅属性、频率属性和吸收属性等 4 类;Chen 等(1997a;1997b)则按在地震剖面上的提取时窗性质分为基于层位的属性(平均属性)和基于样点的属性(瞬时属性)两大类,并对各种属性的提取方法、物理意义和应用范围做了全面总结,他所定义的各类属性超过300 种。

叠前反演研究的是叠前振幅属性,是通过研究反射纵波振幅随偏移距(入射角)的变化规律来预测储层孔隙中所含流体的性质。由于不同的孔隙流体对地震波高频成分的吸收衰减亦有所差异,因此,也可以通过研究储层段的频率属性和吸收属性来定性预测储层的孔隙流体性质。叠前反演的核心是利用地震纵波信息研究其振幅随偏移距的变化,进而预测储层的含油气特征,其理论基础是描述平面纵波在界面上反射和投射能量的 Zoeppritz 方程。自 1961年 Bortfeld 研究反射纵波的振幅随偏移距的变化规律开始(Bortfeld, 1961),特别是 20 世纪 90 年代以来,AVO 和叠前弹性反演技术快速发展,取得了丰富的研究成果。

1.2.1 AVO/AVA 技术

AVO(amplitude versus offset)技术是利用叠前共中心点道集资料(common midpoint point, CMP),严格来讲,应该是共反射点道集(common reflection point, CRP),即成像道集,来分析地震反射纵波振幅随偏移距的变化规律,进而估算界面两侧介质泊松比的变化、推断地层岩性和储层的含油气特征(殷八斤,等;印兴耀, 2010;Shuey, 1985;Smith, et al., 1987;Rutherford, et al., 1989;Fatti, et al., 1994;Goodway, et al., 1997;Castagna, et al., 1998;Burianky, et al., 2000;Avseth, et al., 2001;Nowak, et al., 2008;Ursenbach, et al., 2008),其理论基础是描述平面波在水平界面上反射和透射的 Zoeppritz 方程。

本质上,AVO 研究的是地震反射纵波振幅随入射角的变化规律,即 AVA(amplitude versus incident angle)。自 Koefoed 计算单个反射界面上反射系数随入射角的变化开始(Koefoed, et al., 1980),为了克服由 Zoeppritz 方程导出的反射系数形式复杂,且不易进行数值计算的困难,诸多学者对 Zoeppritz 方程进行了简化。

Aki 等(1980)给出了以速度和密度的相对变化率表示的纵波反射系数。

在 Aki 近似的基础上,Shuey(1985)给出了体现泊松比对纵波反射系数影响的近似,并首次提出了纵波反射系数的 AVO 截距和 AVO 梯度的概念,证明了相对反射系数随炮检距的变化梯度主要由泊松比的变化来决定,他的研究奠定了 AVO 处理的基础,并使 AVO 技术开始成为一项实用的地震技术以预测储层的含油气特征。

Smith 等(1987)提出的 CMP 道集加权叠加的 AVO 反演方法将加权叠加技术应用于岩性参数的估计,并对纵波速度变化率和横波速度变化率进行了分离,且不受纵横波速度比近于 2 这一假设条件的限制,为 AVO 技术的进一步发展提供了广阔思路。虽然该近似方法能够较为精确地反演岩性参数,可以给出较大角度(小于临界角)下较为精确的纵波反射系数,但速度和密度指数关系式的引入在很大程度上限制了其应用范围,特别是经验关系式与实际相差较大时,方程的解可能不收敛甚至无解,同时很可能引入小角度误差,而且,该近似只能从得到的相对参数变化来对岩性作定性分析,并需要速度相对变化率这一背景信息。

Mallick 等(1993)提出用流体因子及射线参数来近似表达纵波反射系数。

Fatti 等(1994)提出了波阻抗变化率近似,该方法虽然没有小角度入射的限制,可以较准确地应用于入射角小于临界角的情形,但利用该方法进行参数反演时,需要垂直入射的纵波反射系数和横波反射系数。

Goodway 等提出的拉梅常数分析方法突出了弹性参量对纵波反射振幅的影响,认为利用弹性模量交会图不仅可以有效地提取岩性信息,而且可以更敏感地区分孔隙中所含流体的性质(Goodway, et al., 1997; Goodway, 2001)。

国内一些地球物理学者,如郑晓东、杨绍国、杨慧珠、李正文等就 AVO 技术开展了众多研究工作(郑晓东,1991;杨绍国,等,1994;杨慧珠,等,1996;李正文,等,1996),为该项技术在中国的发展起到了积极的推动作用。

杨绍国等(1994)从 Zoeppritz 方程出发,对转换波和转换横波的奇偶性作了更一般性的证明,并推导出了 Zoeppritz 方程的级数表达式,进而可以得到任意精度的 Zoeppritz 方程近似表达式。

杨慧珠等(1996)从精确的 P-SV 波反射系数公式出发,推导出了作为射线参数函数的近似公式,说明在非法线入射时 P-SV 波的反射系数主要取决于两个弹性参数:① 反射界面两侧介质体密度之差与平均体密度之比($\Delta\rho/\rho$);② 反射界面两侧切变模量差与平均体密度之比($\Delta\mu/\rho$)。

阴可等(1998)讨论了两种各向异性介质中存在水平界面时的反射系数近似式,并将 Delay 等推导的横向各向同性介质中的反射系数公式推广到方位各向异性介质的主轴方向上。

许多等(2001)以 Shuey 近似方程为基础,用改进的 Marquart 方法来反演某海上资料目的层的泊松比及界面两侧的泊松比差。

孙鹏远等(2003;2006)对 Zoeppritz 方程所描述的 P-SV 波的反射系数公式的角度项进行了泰勒展开,并保留了密度和速度的二阶项,得到了一个新的反射系数近似公式,对 4 个三层含气砂岩模型的定量计算表明,该近似公式在入射角小于 40°时的计算结果与由 Zoeppritz 方程给出的精确解吻合很好,因此,适合大入射角的 AVO 参数反演和理论研究。

谢用良(2006)利用川西丰谷三维宽方位地震资料,通过测井数据的岩石物理特征分析、已知井的 AVO 模型正演、流体替换和交会图分析,认为在川西丰谷三维地震资料偏移距范围内,含气砂岩与含水砂岩的测井岩石物理特征存在明显的差异,储层砂体中气、水等流体的变化可以导致不同的 AVO 异常。

如今,AVO 技术,包括 AVO 反演、AVO 属性交会、$\lambda - \mu - \rho$(LMR)分析和流体因子已经或正在渗透到地震勘探的其他领域,如利用 AVO 资料反演岩石的弹性参数、预测裂缝发育带、进行流体检测等,展示了该项技术广阔的应用前景。转换波和多波 AVO、AVO 与叠后属性结合、三维 AVO 分析与解释技术等是当今 AVO 技术的研究热点和发展趋势。

1.2.2 弹性波阻抗技术

1999 年,Connolly 发表了有关弹性波阻抗的论文(Connolly,1999),从此掀起了弹性波阻抗反演研究的热潮(曹孟起,等,2006;马劲风,2003;印兴耀,等,2004;王保丽,等,2005)。

众所周知,近偏移距的纵波振幅与纵波阻抗具有相关性,因此,把近偏移距地震记录与测井资料联系起来,就可以得到基于声波阻抗(acoustic impedance)的、在某种程度上能将其变换到叠后反演算法的波阻抗。对于远偏移距,则需通过弹性波阻抗(elastic impedance)函数来恢复。弹性波阻抗是声波阻抗的推广,它是纵波速度、横波速度、密度以及入射角的函数。弹性波阻抗使AVO/AVA 信息通过一种让非地球物理学家能直观理解的方式显示出来,弹性波阻抗包含了 AVO/AVA 信息,与声波阻抗一起应用可提高岩性判别的能力,弹性波阻抗与声波阻抗的结合可能成为新一代的多数据体解释方法。

马劲风(2003)认为,广义弹性阻抗反演较常规地震反演能提供更多、更可靠的流体、孔隙度、砂泥质含量等信息,有助于解释常规地震反演和道积分剖面中的假象,降低反演的多解性,提高储层预测精度。

孟宪军等(2004)通过研究认为,在岩石地球物理模型、测井数据及构造模型约束下,通过针对性的地震标定、子波估算,可以有效降低单纯纵波弹性阻抗反演的非唯一性。

王保丽等(2005)认为,角度部分叠加资料保留了地震波的许多 AVO/AVA特征,弹性阻抗反演成果将给岩性参数(纵波速度、横波速度、密度、纵波阻抗、横波阻抗、泊松比等)的提取提供可能性,弹性阻抗反演得到的弹性阻抗中蕴含着丰富的 AVO/AVA 信息。

苑书金等认为,叠前地震反演可以克服叠后地震反演储层信息量的不足,具有良好的保真性和多信息性,能够提供丰富的储层参数信息,叠前地震反演不但能给出波阻抗信息,还能提供纵横波速度比、泊松比等反映储层物性、孔隙流体特征的储层参数,可以更可靠地揭示地下储层的展布特征和含油气性(苑书金,等,2005;苑书金,2007)。

彭真明等(2007)以各向异性介质理论为基础,利用多波 AVA 资料进行了多方式的反演,增加了约束条件,减少了反演的多解性,得到了更为可靠的横波速度、纵波速度、地层密度和各向异性参数等重要的地层岩性参数。

在含气饱和度预测方面，Wandler 等(2007)通过物理模拟研究表明，利用 AVO 梯度和 AVO 截距分析可以区分孔隙流体类型，但不能有效区分压力变化；Mavko 等(1998)则认为孔隙中的流体分散分布时的纵波速度较均匀分布时要大的多；Gomez 等(2007)的研究表明，在流体均匀分布情况下，非常低的含气饱和度与饱和气时的地震响应是相同的；Mallick 等(2006)则认为，密度变化对区分商业气藏与非商业气藏非常重要，而密度、纵波的阻抗(速度)及横波的阻抗(速度)变化对于岩性识别异常重要。

1.2.3 下二叠统盒 8 段储层地震预测

针对苏里格气田下二叠统下石盒子组盒 8 段储层地震预测、AVO/AVA 及弹性反演进行流体检测，中国石油川庆钻探工程有限公司地球物理勘探公司(原四川石油管理局地球物理勘探公司)、长庆油田分公司勘探开发研究院及东方地球物理公司多年来开展了大量细致的研究工作，取得了积极的研究进展。

魏红红等(1998)将鄂尔多斯盆地山西组储集空间归纳为大孔粗喉型、大孔细喉型、小孔细喉型和细孔微喉型等 4 类。

樊太亮等(1999)在层序地层构架研究基础上，通过基准面旋回、古地貌格局及其演变分析，认为石盒子组发育 4 支河道体系。

曹敬华等(2001)从储层物性特征研究出发，认为盒 3 段储渗性能最好，其次是盒 1 段，盒 2 段最差。

王大兴等(2001)通过研究认为，鄂尔多斯盆地山西组砂岩气藏为具有低孔隙度、低渗透率和高阻抗特征的岩性气藏，常规岩性解释很难区分含气砂岩和致密砂岩，而利用不同岩性的泊松比差异所形成的 AVO/AVA 响应特征，可以有效地区分地震高波阻抗层的岩性及含气性。

何顺利等(2005)根据岩石学、沉积学及沉积期古气候特征建立了苏里格气田储层的沉积模式，认为盒 8 期、山 1 期发育废弃河道、决口扇以及泛滥平原，使得储层砂体的隔层、夹层发育。

刘喜武等(2005)认为，无井递归反演可验证层位解释的正确性、建立较准确的地震地质模型，稀疏波阻抗反演的纵向分辨率不能满足精细储层预测的要求，而采用序贯高斯配置协模拟方法可得到泥质含量、孔隙度和原始含水饱和度等物性参数。

曹孟起等(2006)通过研究认为，苏里格地区盒 8 段含气砂岩表现为纵波阻抗低、泊松比低、纵横波速度比低，但横波阻抗高，不含气砂岩则表现为纵波阻抗、横波阻抗、泊松比、纵横波速度均高。

　　武丽等(2005)利用地震属性分析技术研究了苏里格地区地层的沉积规律和有利相带,认为利用地震属性分析可有效地预测主要目的层段的砂层组分布及其厚度,地震、测井联合反演能将地震和测井有机地融合起来,可以突破传统意义上的地震分辨率限制,提高地震资料的纵向分辨能力,是薄层砂体识别和含气性预测的关键技术。

　　唐海发等(2007)通过研究认为,盒二段储层属于辫状河沉积体系,沉积微相在宏观上控制了储层物性的空间分布,辫状河主河道微相的物性最好。

　　王香文等(2006)采用精细层位标定、精细断层识别、高精度变速建模、地震属性分析、AVO/AVA 油气检测、精细高分辨率井约束反演等落实了局部低幅度构造圈闭,识别了断层,消除了速度陷阱带来的假构造现象。

　　文华国等(2007)认为,苏 6 井区盒 8 段属河流沉积体系,其中盒 8 下段为辫状河,盒 8 上段为曲流河,在深入细致的微相分析基础上,建立了缓坡型辫状河与多河道低弯度曲流河沉积模式,认为最有利的储集砂体为高能水道心滩和边滩叠置砂体。

　　苑书金等对多个叠前角道集数据体实施联合约束稀疏尖脉冲反演,可同时得纵波阻抗、横波阻抗和密度等 3 个数据体,进而提取岩石弹性参数,再将AVO/AVA 属性参数集联合用于精细储层描述,提高了岩性识别和流体判别的精度(苑书金,等,2005;苑书金,2007)。

　　王霞等(2011)利用 Greenberg-Castagna 模型,利用迭代法把原来的地层水替换成油和气,经过精细测井解释,建立了纵横波速度比-纵波阻抗交会分析图版,通过分析多种属性与储层含油性的关系,给出了 1 种能够指示储层及含油饱和度特征的属性——储层流体属性。

1.3　主要研究内容与关键技术

　　针对致密碎屑岩储层的特点,选择特征井,通过岩石薄片分析,研究目的层段的孔、渗结构并最终确定其有效孔隙度;实验室测定各类含气储层的岩石物理参数特征(纵波速度、横波速度及密度),得到其纵横波速度比,结合声波测井资料分析其 AVO/AVA 响应,研究其 AVO/AVA 属性特征;利用井旁地震记录研究典型储层的叠后属性,研究富含气砂岩的敏感属性;通过叠前弹性反演得到目的层段的纵波速度、横波速度以及密度,结合富含气岩芯的岩石物理参数特征优选或构建表征富含气砂岩的参量或参量对。具体流程见图1.1。

1.3.1　主要研究内容

　　(1) 孔、渗结构研究:选择典型井岩芯资料进行扫描电镜、铸体薄片分析,

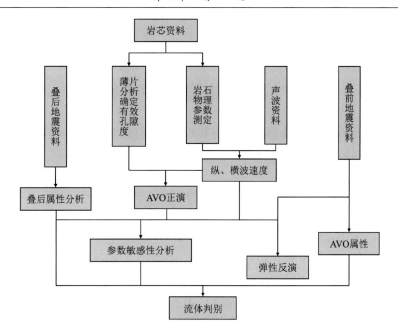

图 1.1 研究思路框图

总结储层的孔、渗结构,进行覆压条件下岩样的孔、渗分析,确定储层段的有效孔隙度。

(2) 储层段岩石物理参数实验室测定:选择典型井岩芯,在地层压力条件下进行不同含气饱和度(0,50%,100%)条件下砂岩样品的岩石物理参数(纵波速度、横波速度、密度)测定,构建适用于致密碎屑岩储层的流体判别因子。

(3) 储层段含气砂岩 AVO 响应特征研究:分析目前 AVO 近似方法及其适用性条件,研究适用于致密碎屑岩储层的 AVO 分析方法。

(4) 叠前反演研究:分析目前常用的纵波阻抗和横波阻抗的重构方法及其适用性条件,研究适用于致密碎屑岩储层的、不依赖速度比假设的纵波速度、横波速度和密度的重构方法。

(5) 敏感性参数分析:利用波列测井资料研究气水敏感参数。

1.3.2 关键技术

(1) 非线性的 AVO 分析技术。

(2) 不依赖速度比假设的纵波速度、横波速度和密度重构技术。

第2章 储层物性特征

苏里格气田苏五区块盒8段岩石类型以岩屑砂岩、岩屑石英砂岩为主,且岩石粒度普遍较粗,以中-粗砂岩为主。

2.1 孔 隙 类 型

苏里格气田盒8段储层埋藏深度大,成岩作用强,受压实作用和胶结作用的影响,大部分原生粒间孔隙已消失殆尽,储集空间以次生孔隙为主,属于孔隙型储层。据铸体薄片观察,孔隙类型主要有原生残余粒间孔、粒间溶孔、粒内溶孔、晶间孔、杂基内微孔等(图2.1),另有少量的微裂缝、泥质收缩缝、粒内破裂缝等[①]。

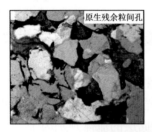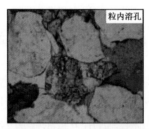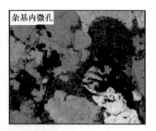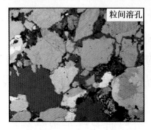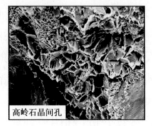

图2.1 苏5-1井下石盒子组铸体薄片

1.原生残余粒间孔

原生孔是指沉积物颗粒之间存在的孔隙,而压实作用导致颗粒排列发生改变或塑性颗粒变形使原生粒间孔体积缩小,胶结作用使得孔隙被不同程度地充填一些成岩矿物而进一步造成粒间孔隙缩小,连通性变差,充填的结果常使孔隙呈缝状残留(丁晓琪,等,2011;樊爱萍,等,2011)。研究区内这类孔隙的孔径一般为0.03~0.06 μm,在总孔隙中所占比例仅为8.70%(图2.2)。

[①] 常压孔、渗测试分析资料引自中国石油川庆钻探工程有限公司。

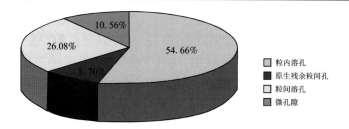

图 2.2 苏里格气田盒 8 段孔隙类型

2. 粒间溶孔

在成岩过程中,砂岩中的残余粒间孔因部分碎屑和填隙物发生溶解而被改造扩大形成的溶蚀型次生孔隙叫粒间溶孔,被溶蚀的颗粒边缘极不规则,呈港湾状,连通性好。研究区内,此类孔隙的孔径一般为 $0.05 \sim 0.15\ \mu m$,占总孔隙的 26.08%。

3. 粒内溶孔

粒内溶孔主要有岩屑溶孔和长石溶孔,偶见石英溶孔。其中,岩屑溶孔在山 1 段、盒 8 段较发育,且孔径较大,一般为 $0.2 \sim 0.6\ \mu m$,占总孔隙的 54.66%。

4. 晶间孔

晶间孔主要有高岭石晶间孔、伊利石晶间孔、绿泥石晶间孔以伊/蒙混层晶间孔。其孔隙半径一般较小,其中,高岭石晶间孔一般具有一定的连通性,且数量较多,可成为有效孔隙;绿泥石晶间孔孔径很小,且容易被束缚水饱和而成为无效孔隙(樊爱萍,等,2011)。

5. 杂基内微孔

压实作用的差异性使得粒间填隙物(杂基或胶结物)未被完全压实,或粒间填隙物未完全充填粒间孔隙,导致填隙物间仍存在大量微孔(饶秦晶,等,2010),由于此类孔隙的空隙和吼道均比较微小,其连通性一般较差,多为无效孔隙。此类孔隙和晶间孔在研究区统称为微孔隙,孔径一般小于 $0.01\ \mu m$,占总孔隙的 10.56%。

2.2 孔 隙 特 征

苏里格气田盒 8 段砂岩的孔隙分布具有双峰特征,一类是孔径较大的颗粒溶孔,是孔隙空间的主体;另一类是孔径小的粒间溶孔、粒间孔和微孔隙。由于成岩压实作用强,颗粒排列紧密,喉道小,又有高岭石等填隙物充填粒间,形成了大孔细喉、渗透率低、孔隙结构非均质性较强的储层特征。

对物性参数(孔隙度、渗透率)与孔隙结构参数(喉道均值、分选系数、变异系数)、毛管曲线特征参数(排驱压力、饱和度中值压力,等)的关系研究表明,研究区的物性与喉道均值具有较好的线性关系(图2.3),而与其他参数对应关系较差,因此,选择喉道均值做为分类评价的主要微观参数。参照铸体薄片的观察结果,将储集空间分为粗孔喉型、细孔喉型、微细孔喉型三类,结合物性参数、孔隙结构参数和毛管曲线特征参数将储层分为四类(表2.1):I类储层是苏里格气田苏五区块最好的储层,但所占比例很少,小于10%;II类储层为中等储层;III类储层属差储层,占30%~35%;IV类属非有效储层,占40%~45%。I+II类储层是研究区的高效储层类型,占整个储层的20%左右。

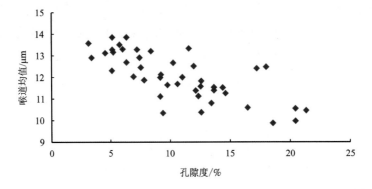

图2.3 苏里格气田孔隙度与喉道均值关系图

表2.1 苏里格气田孔隙结构分类与评价标准表

孔喉特征	孔隙喉道均值/μm	排驱压力/MPa	中值压力/MPa	最大连通孔喉半径/μm	中值半径/μm	孔隙度/%	渗透率/mD	储层类型
粗孔喉型	> 13	< 0.4	< 5	> 2.0	> 0.10	> 10	> 0.81	I类
细孔喉型	(12, 13]	[0.4, 0.6)	[5, 10)	(1.0, 2.0]	(0.06, 0.10]	(7, 10]	(0.10, 0.81]	II类
	(11, 12]	[0.6, 0.8)	[10, 25)	(0.3, 1.0]	(0.02, 0.06]	(5, 7]	(0.03, 0.10]	III类
微细孔喉型	≤ 11	≥ 0.8	≥ 25	≤ 0.3	≤ 0.02	≤ 5	≤ 0.03	IV类

根据表2.1总结苏里格气田盒8段储层孔隙结构有以下特征:① 苏里格气田储层以细喉道为主,喉道半径为0.06~0.10 μm的孔隙体积占有效储层的50%左右,最大连通孔喉半径小于2 μm;② 喉道均匀程度与物性关系不明显。一般来说,喉道分选越均匀,渗透率越高,而通过对研究区分选系数和变异系数的研究,各类型储层表征喉道的分选参数差异较大。

2.3 储层物性特征

对苏里格地区的岩芯分析和测井解释的孔、渗数据统计(表2.2)表明:苏里格气田盒8上段、盒8下段为低孔、低渗储层。受分析样品取样代表性和均匀性的限制,这些统计特征只能大体反映总体特征和趋势,与真实情况可能有

表 2.2 苏里格地区孔、渗参数统计表

层位	孔隙度/%			渗透率/mD		
	样品数	最大值	平均值	样品数	最大值	平均值
盒 8 上段	339	19.02	8.16	339	78.27	2.27
盒 8 下段	730	21.80	7.28	646	561.00	3.39

一定差距。

2.3.1 盒 8 上段储层物性

盒 8 上段储层的孔隙度一般为 3.00%~19.00%，平均为 8.17%（图 2.4）；渗透率一般为 0.025~79.000 mD，平均为 2.270 mD（图 2.5）；孔隙度和渗透率存在较好的相关关系（图 2.6）。

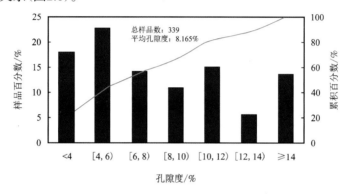

图 2.4 盒 8 上段孔隙度分布直方图

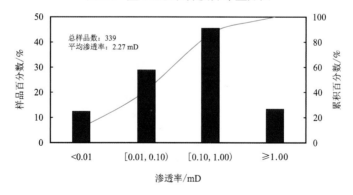

图 2.5 盒 8 上段渗透率分布直方图

2.3.2 盒 8 下段储层物性

盒 8 下段储层的孔隙度一般为 3.00%~22.00%，平均为 7.28%（图 2.7）；渗透率一般为 0.025~561.000 mD，平均为 3.390 mD（图 2.8）；孔隙度和渗透率亦存在较好的相关关系（图 2.9）。

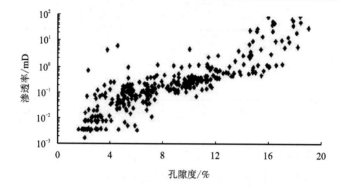

图 2.6　盒 8 上段孔隙度与渗透率交会图

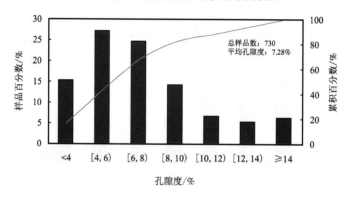

图 2.7　盒 8 下段孔隙度分布直方图

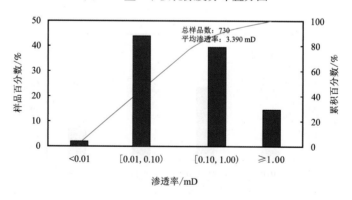

图 2.8　盒 8 下段渗透率分布直方图

2.3.3　覆压物性特征

针对苏里格气田盒 8 段储层,共做 2 口井 24 个样品覆压条件的孔、渗测试,分析结果表明:①岩石孔隙度和渗透率随压力增加而降低;②孔隙度随压力的变化关系与岩性密切相关(图2.10),凝灰质粗粒岩屑砂岩在上覆压力达到15 MPa 前孔隙度衰减迅速,之后变化较小,而砂质岩屑砂岩孔隙度降低速率

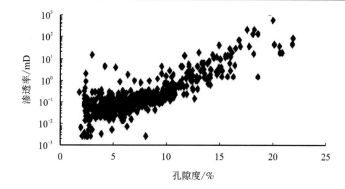

图 2.9　盒 8 下段孔隙度与渗透率交会图

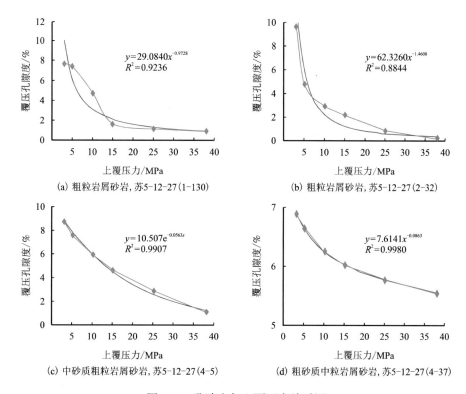

(a) 粗粒岩屑砂岩, 苏5-12-27(1-130)

(b) 粗粒岩屑砂岩, 苏5-12-27(2-32)

(c) 中砂质粗粒岩屑砂岩, 苏5-12-27(4-5)

(d) 粗砂质中粒岩屑砂岩, 苏5-12-27(4-37)

图 2.10　孔隙度与上覆压力关系图

随压力变化不大; ③ 渗透率随压力的变化关系同样与岩性密切相关(图2.11), 黏土岩、黏土质粉砂岩在上覆压力达到 5 MPa 前衰减迅速, 之后变化较小, 岩屑砂岩渗透率降低速率随压力变化不大。

利用现有分析、测试资料, 得到岩屑砂岩孔隙度(ϕ)与上覆压力(p)的拟合关系:

$$\phi = 7.8089 \exp(-0.0291p) \tag{2.1}$$

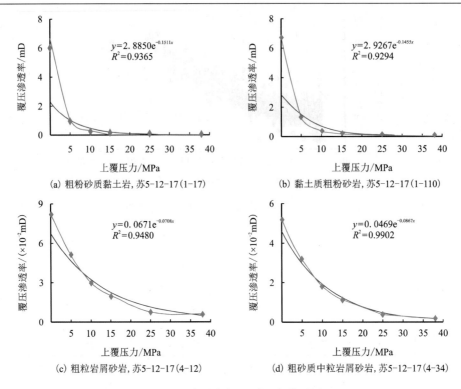

(a) 粗粉砂质黏土岩, 苏5-12-17(1-17)   (b) 黏土质粗粉砂岩, 苏5-12-17(1-110)

(c) 粗粒岩屑砂岩, 苏5-12-17(4-12)   (d) 粗砂质中粒岩屑砂岩, 苏5-12-17(4-34)

图 2.11   渗透率与上覆压力关系图

相关系数 $R^2 = 0.6150$(图2.12)。

地层压力条件下, 岩屑砂岩的孔隙度约 3%。

岩屑砂岩渗透率(K)与上覆压力的拟合关系为

$$K = 0.05016 \exp(-0.0873p) \qquad (2.2)$$

相关系数 $R^2 = 0.8494$(图2.13)。

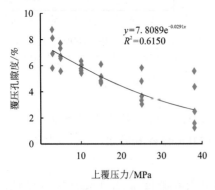
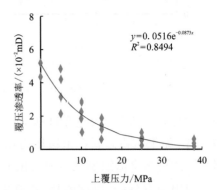

图 2.12   孔隙度与上覆压力统计关系图   图 2.13   渗透率与上覆压力统计关系图

地层压力条件下, 岩屑砂岩的渗透率约 0.020 mD。

2.4 物性影响因素

2.4.1 岩性对物性的控制作用

研究区目的层段的岩石类型有细砂岩、中砂岩、粗砂岩和砾岩,岩芯、薄片和试气资料分析表明,苏里格地区有效气层与岩性有明显的对应关系。根据目前研究成果,有效储层下限为孔隙度7%,渗透率0.100 mD。位于该下限之上的岩石类型是中粗砂岩、粗砂岩和含砾粗砂岩(图2.14),其颜色为灰白色,在成分上石英类含量高,在岩芯上可见溶蚀孔洞。而细砂岩和中砂岩为灰色、灰绿色,成分上,塑性火山岩屑含量较高,物性位于储层下限之下,为非储层。

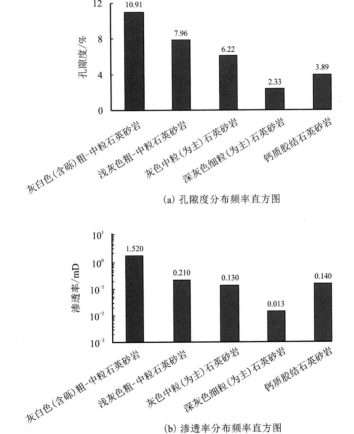

(a) 孔隙度分布频率直方图

(b) 渗透率分布频率直方图

图 2.14 苏里格气田盒 8 段不同岩性的孔、渗特征

2.4.2 成岩作用对物性的控制作用

苏里格气田储层成岩作用强,以次生孔隙为主,成岩作用的改造是控制物

性特征的关键因素。研究区具有典型的煤系地层成岩作用特征,碳酸盐胶结物不发育,高岭石含量较高,在石英含量高的砂岩中硅质胶结发育,压实作用是造成研究区低孔、低渗的主要原因,次生孔隙的发育是在低孔、低渗背景上发育相对高孔渗砂岩的基础条件。

1. 压实作用使孔隙度急剧降低

压实作用是导致储层孔隙度减少的主要因素。早期成岩阶段发生的机械压实作用可导致砂岩颗粒的紧密排列、位移及再分配,云母类及塑性岩屑发生塑性变形,导致原生粒间孔大量丧失。研究表明,埋深小于 1 500 m 时,碎屑的再分配使砂岩的粒间体积迅速降低到28%,之后随埋藏深度的加大,粒间体积减小幅度缓慢,至 2 400 m 时,粒间体积降为26%,因此,成岩阶段早期的压实作用是造成砂岩原生孔隙大量丧失的主要原因(惠宽洋,等,2002)。

2. 胶结作用进一步堵塞孔隙

随着埋藏深度、温度、压力的增加及孔隙水化学性质的改变,各种成岩自生矿物依次析出,胶结并充填孔隙使孔隙度和渗透率进一步降低。胶结物不同对储层孔隙的破坏程度也不同,如自生高岭石以六方板状松散堆积在孔隙中,占据大量粒间孔,降低了原生孔隙,但保留较好的晶间微孔中高岭石结晶程度高、晶体完整,其晶间微孔非常发育,对储层微孔增加有一定的贡献;而由长石蚀变的高岭石,重结晶后堆积紧密、晶间孔隙小,对孔隙贡献较小(Bloch,et al.,2005)。

3. 溶蚀作用增加次生孔隙

成岩早期,开放体系中的大气淡水可导致长石、方解石、白云石溶解和孔隙水中自生高岭石、蒙脱石的沉淀。成岩中晚期,富含有机酸的酸性流体是导致储层碎屑组分发生溶蚀的主要动力和介质。酸性流体在孔隙中流动并对其中的火山凝灰质、长石颗粒和早期碳酸盐胶结物进行溶蚀,形成溶蚀粒间孔隙、粒内孔隙,甚至铸模孔,使孔隙度一般可达到4.7%~10.9%(杨仁超,等,2012;李红,等,2006)。

苏里格气田盒8段砂岩碎屑成分以石英和岩屑为主,长石含量普遍较低。岩屑含量一般占到砂岩成分的30%,最高可达35%,主要以变质岩岩屑为主,占岩屑总量的60%左右,其次为火成岩岩屑,占 30% 左右,沉积岩岩屑含量极少。

石英和岩屑对孔隙和裂缝的影响截然不同。在成岩压实作用下,岩屑容易发生塑性变形阻塞孔隙,使得原生孔隙难以保存,物性变差;另一方面,在后期的构造运动中,受岩屑的影响,裂隙的发育程度较低且难以保存。由于石英抗机械压实能力较强,在成岩压实过程中,可以有效地保护原生孔隙,同时,也使得孔隙水的渗滤和交替作用加强,有利于次生孔隙的形成;另一方面,石英属于刚性矿物,在后期的构造运动中,石英含量高的岩石容易产生裂隙,也可使裂隙得以较好保存。

不同的岩石类型,其成岩作用特征不同。由于不同类型岩屑的沉积分异作用,中、细砂岩中塑性火山岩屑含量高,压实作用强,使原生孔隙丧失殆尽,呈致密压实相,不利于孔隙流体的流动和次生孔隙的形成;而在粗砂岩中石英类颗粒含量高,抗压实能力强,可保留部分原生孔隙,有利于后期孔隙流体的流动和次生孔隙的形成,其物性较好(图2.15)。

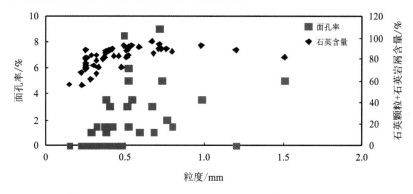

图 2.15 苏里格气田盒 8 段砂岩粒度与面孔率和石英含量的关系

苏里格地区储层中黏土含量较高,且经过强烈的成岩作用,由于黏土晶体较大,晶体间的微孔隙对总孔隙度有一定贡献,但孔径微小,渗透率低,从而形成孔隙度较高但渗透率低的特征。

2.4.3 沉积微相对物性的控制作用

沉积微相不仅控制砂体的类型、形态、厚度、规模及空间分布,影响砂体的平面和纵向展布与层间、层内非均质性,在微观上还决定着岩石碎屑颗粒的大小、填隙物的多少、岩石结构(分选、磨圆度、接触方式)等,从而控制了岩石的原始孔隙度和渗透率,因此,沉积微相对储层物性的控制是先天性的。

不同相带,从洪泛平原→河道边缘→主河道,随水动力强度增大,储层物性条件逐渐变好。同一相带内储层物性的分布,随着砂岩粒级的增大而变好,其中砾岩、粗砂岩物性最好,中砂岩次之,细砂岩、粉砂岩较差。而且,同一粒级的砂岩所处的相带不同,其物性亦差别很大,一般而言,辫状河主河道中的砂体,因其水动力能量最强,岩屑等细碎屑含量相对较少,物性最好,河道边缘次之,洪泛平原最差。

苏里格气田有效储层为砂岩中的粗岩相,粗岩相的分布受沉积微相类型和分布控制。根据沉积微相研究成果,粗岩相主要分布在高能水道心滩、平流水道心滩下部等微相位置,物性较好,而河道充填、溢岸沉积等微相物性差,为非储层。如苏 4 井取芯井段盒 8 段, 其下部高能水道心滩砂体的孔隙度一般为 10%~20%, 而上部河道充填砂体的孔隙度一般小于 7%。

2.5　小　　结

　　岩芯铸体薄片及孔、渗分析表明, 苏里格气田盒 8 段储层非均质性强、孔隙结构复杂, 有效储层以高能水道中的粗岩相心滩为主; 孔隙度和渗透率均随地层压力呈幂指数衰减, 在地层压力(38 MPa)条件下, 孔隙度 5% 左右, 渗透率不足 0.020 mD, 属特低孔、低渗储层。

第3章 盒8段储层岩石物理参数特征

岩石的弹性性质是地震波在弹性介质中传播的基础,不同的岩石具有不同的弹性特征,当同一岩石中含有流体(如气、油、水)时,其弹性性质也要发生一定的变化,这就奠定了油气地震勘探的物理基础。

3.1 岩石弹性参量及其相互关系

弹性参量是描述岩石弹性性质的一组物理量(Gassmann, 1951; Gladwin, et al., 1974; Cheng, et al., 1981; O'Connell, et al., 1977),通常情况下用三个参数描述,即杨氏模量(E)、体积模量(K) 和体积密度(ρ),或拉梅常数(λ)、剪切模量(μ)和体积密度。弹性参量决定了地震波的传播速度,因此,速度和密度是岩石弹性性质的直接反映。在地震勘探领域,人们很难测定或直接观测到除密度外的其他弹性参量,而纵波速度和横波速度是可间接观测或估计的。

1. 杨氏模量

杨氏模量(Young's modulus)是表征物质在弹性限度内抗拉伸或抗压缩的物理量,是沿纵向的弹性模量。根据胡克定律,在物体的弹性限度内,应力与应变成正比,正应力与正应变的比值被称为材料的杨氏模量,其值标志了材料的刚性,杨氏模量越大,越不容易发生形变。通过以下方程可将其与岩石的纵波速度(v_P)、横波速度(v_S)和密度(ρ)联系起来:

$$E = \rho \frac{3v_P^2 - 4v_S^2}{(v_P/v_S)^2 - 1} \tag{3.1}$$

2. 体积模量

体积模量(bulk modulus)是描述均质各向同性介质在弹性限度内受挤压或拉伸后的体积形变量,表示介质的不可压缩性。其与岩石的纵波速度、横波速度和密度的关系为

$$K = \rho \left(v_P^2 - \frac{4}{3}v_S^2 \right) \tag{3.2}$$

3. 拉梅常数

拉梅常数(Lame constant)与材料的压缩性有关,没有确切的物理含义,但采用该参数可以简化各向同性介质的广义胡克定律描述。在岩石物理中,其值不仅与岩石骨架有关,更与充填孔隙的流体性质有关(Berryman, 1999)。其

与岩石的纵波速度、横波速度和密度的关系为

$$\lambda = \rho \left(v_{\mathrm{P}}^2 - 2v_{\mathrm{S}}^2 \right) \tag{3.3}$$

4. 剪切模量

剪切模量(shear modulus)又称切变模量或刚性模量,是材料在剪切应力作用下,在弹性变形极限范围内,所受切应力与切应变的比值,表征材料抵抗切应变的能力。在岩石物理中,其值只与岩石骨架有关,而与充填孔隙的流体性质无关(Berryman, 1999),其与岩石的横波速度和密度的关系为

$$\mu = \rho v_{\mathrm{S}}^2 \tag{3.4}$$

5. 泊松比

泊松比是描述均质各向同性介质在弹性限度内,由均匀分布的纵向应力引起的横向应变与相应的纵向应变之比的绝对值。其与岩石的纵波速度和横波速度的关系为

$$\sigma = \frac{1 - 2\gamma^2}{2(1 - \gamma^2)} \tag{3.5}$$

式中, $\gamma = v_{\mathrm{P}}/v_{\mathrm{S}}$。

岩石的泊松比不仅是计算其他岩石力学参数的基础,也是岩性预测、含油气性预测和介质各向异性研究必不可少的重要参数。

3.2　地球物理响应特征

综合岩芯分析资料、录井资料及测井资料可知,苏五区块石盒子组和山西组主要为泥岩、粉砂岩、砂岩、砾岩,含少量煤。其中,泥岩和粉砂岩渗透性低,基本不具储集性能,储层主要发育在结构较粗的中砂岩和粗砂岩中(图3.1)。

砂岩具相对低自然伽马、低声波时差、低中子密度和高电阻率的测井响应特征,当储层发育时,声波时差增大,受流体性质影响,电阻率会有所增大或减小,井径一般正常或略有扩径、缩径现象。另外,岩石结构差异在测井曲线上也有不同响应,一般来说,细砂岩自然伽马相对较高,而具有较好渗透性的中砂岩和粗砂岩的自然伽马较低(图3.2~图3.2),含气砂岩段的自然伽马为40~70 API(图3.5),而围岩段一般在150 API之上(图3.6)。

受储层孔隙的影响,储层段的声波时差测井值与相邻致密层相比明显增高,同时,地层含气也会使纵波的声波时差增大,速度略有降低(图3.2~图3.4)。统计表明,含气砂岩段的纵波速度变化范围大,为4 100~5 000 m/s,平均为4 500 m/s;围岩段的纵波速度平均为4 400 m/s(图3.5,图3.6)。

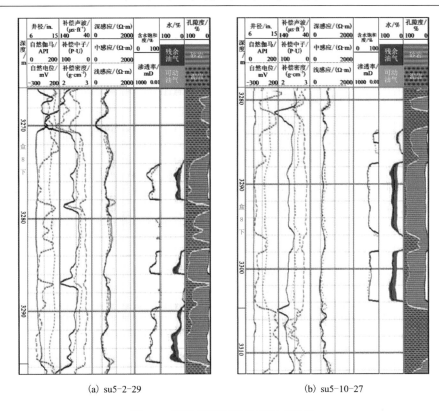

(a) su5-2-29　　　　　　　　(b) su5-10-27

图 3.1　苏里格气田测井解释成果图

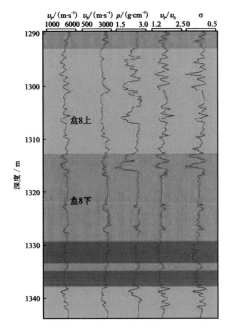

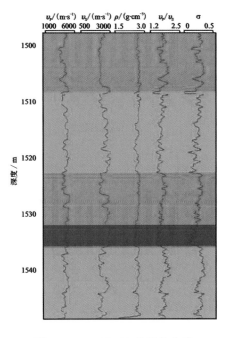

图 3.2　su5-2-29 井测井曲线　　　　图 3.3　su5-10-27 井测井曲线

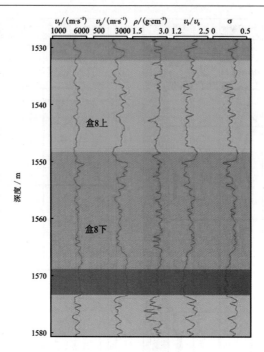

图 3.4 su59-6-40 井测井曲线

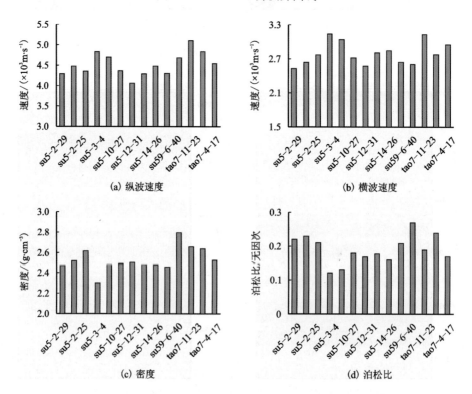

图 3.5 苏里格气田盒 8 段含气砂岩段地球物理参数直方图

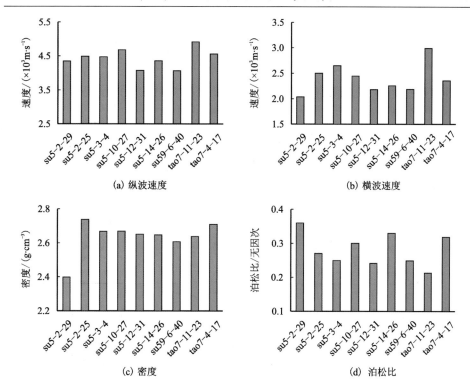

图 3.6　苏里格气田盒 8 段围岩段地球物理参数直方图

致密砂岩段,补偿密度值一般为 2.55~2.70 g/cm³,如果发育有储层,补偿密度值会明显降低,且与声波时差、补偿中子密度曲线有良好的相关性(图3.2)。在所有曲线中,含气砂岩段的补偿密度值最为稳定,约为 2.50 g/cm³,围岩段在 2.65 g/cm³ 左右;泊松比次之,含气砂岩段为 0.15~0.23,平均为 0.17,而在围岩段则大于 0.20(图3.5,图3.6)。

3.3　敏感性参数分析

前已述及,能够根据纵波速度、横波速度和密度将含气砂岩段与围岩段区分开来,但由于砂岩段孔隙度较小,孔隙流体对砂岩的地球物理参数的影响就相对较小,因此,单纯利用某一种属性难以有效区分砂岩的含油气性质,这就需要利用多属性交会研究其敏感参数对。

表征岩石的地球物理参数很多,但能刻画岩性、区分孔隙流体的还是纵波速度、横波速度和密度,以及由它们派生出来的其他属性,其中,纵波速度和密度的变化既有可能由岩性的差异引起,也可能由孔隙流体的变化造成,而横波速度的变化必然指示岩性差异。对特定岩性、特定流体类型,单一属性的取值区间变化范围较大,且与其他岩性或流体类型互相重叠,因此,根据单一属性进行流体判别存在多解性,而通过多属性交会分析就可以将这种多解性有效降低。

利用工区内现有 5 口井的波列测井资料研究敏感性参数,对纵波速度、横波速度、密度、泊松比等属性进行交会分析(图3.7~图3.12),结果表明,横波速度–密度交会、横波阻抗–密度交会对流体更敏感(图3.11,图3.12)。

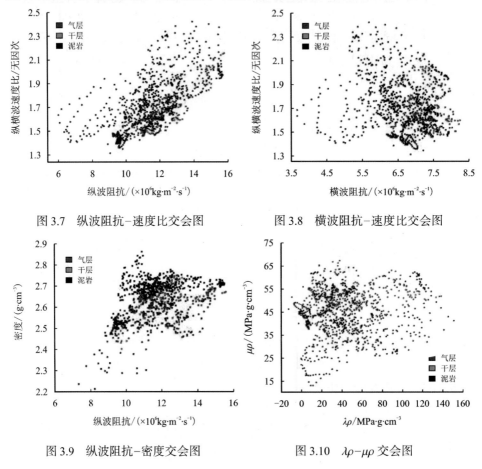

图 3.7　纵波阻抗–速度比交会图　　　　图 3.8　横波阻抗–速度比交会图

图 3.9　纵波阻抗–密度交会图　　　　图 3.10　$\lambda\rho$–$\mu\rho$ 交会图

3.4　岩石物理参数特征

孔隙中所含流体不同,岩石的纵波速度和横波速度也不同。为此,Castagna 等(1985)定义了区分砂、泥岩的盐水饱和的纵、横波速度方程(泥岩线):

$$v_P = 1360 + 1.16 v_S \tag{3.6}$$

对上式求导,则流体因子 ΔF 定义(Fatti, et al., 1994)为

$$\Delta F = R_P - 1.16 R_S \tag{3.7}$$

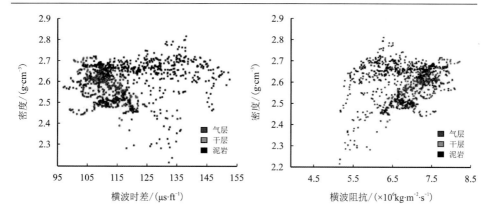

图 3.11　横波速度-密度交会图　　　　　图 3.12　横波阻抗-密度交会图

式中，R_P——纵波反射系数，无因次；

　　　R_S——横波反射系数，无因次。

这就是目前广泛应用于孔隙流体预测的速度方程，但其数据基础为海相砂岩的样品分析结果。

众所周知，由于沉积环境的差异性，相对于海相砂岩，陆相砂岩岩石组分的分选、磨圆性差，进而造成孔隙分布的均匀性差，必然造成纵波速度和横波速度关系的差异，应用上述方程进行陆相地层，特别是致密储层的流体判别显然不合适，因此，针对碎屑岩储层进行岩石物理参数测定并对其进行分析是流体判别的基础内容。

3.4.1　岩芯速度测定

本次共采集 7 口井 27 个岩芯样品，由于孔隙度低（地层压力下不到 5%），实验过程中只进行了 3 种含气饱和度条件下的参数分析，即干层（气饱和）、湿层（水饱和）和含水饱和度 50%。实验条件为：地层水矿化度 40 000 mg/L；黏度 1.16 mPa·s，压力从 0 至地层压力 38 MPa，每隔 5 MPa 测量 1 次，受样本数和成本限制，本次只做了常温测定（温度对速度影响相对较小）。

声波速度实验室测定基本原理就是，在样品（长度不小于 50mm）一端进行超声波激发，在另一端接收，并在接收记录上拾取初至时间，结合岩样长度最终得到纵波速度和横波速度（图3.13），由于本区裂缝不发育，快、慢波分离不明显，因此，本次没有进行慢横波的速度研究。

3.4.2　实验数据分析

本区储层段岩性变化频繁，虽然取样时尽量选择在优质储层段——中砂岩段取样，但由于岩性和岩石组分的差异，其速度也不可能是一恒定值。

理论和实验结果表明：速度与压力有关，正常情况下，应研究单一压力状

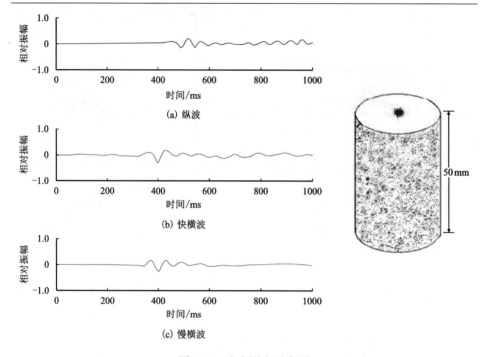

图 3.13　速度测定示意图

态下速度的相对关系。但单一压力条件下,由于试验样品非常少,难以得到统计规律(图3.14),而速度随压力的变化是有规律的,即不同围压下纵波速度和横波速度的相对关系具有一定的相似性。为了研究其统计规律,将不同压力状态下的数据进行叠合,结果(图3.15)表明,虽然数据点分布仍然较分散(部分有重叠),不能完全区分孔隙流体差异(与岩性及组分有关),但仍有规律可循,即半饱和水砂岩绝大多数分布于数据点的中心位置,以其作为气水判别法则对现有资料而言相对合理。

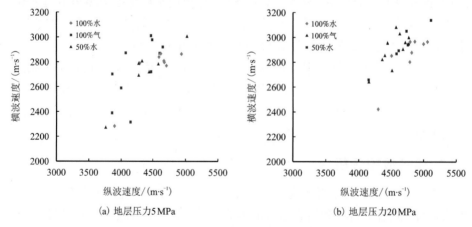

图 3.14　纵横波速度交会图

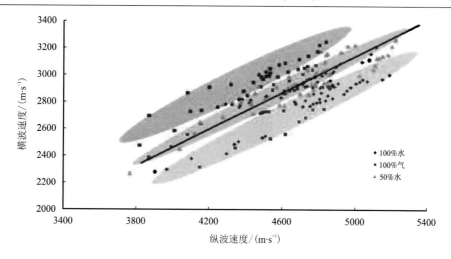

图 3.15　纵横波速度交会图(0~38 MPa)

据此得到气水判别方程:

$$R_S = 415 + 0.714R_P \tag{3.8}$$

该方程表示,在此条带之下,孔隙流体为水的可能性逐渐加大,反之,(富)含气可能性增大。

3.4.3　方程验证

为判断所构建的气水判别因子的准确性,必须与井资料进行对比。由于现有波列测井资料有限,且测井解释与测试资料并不完全吻合,只有 3 口井既进行了波列测井,又在目的层段进行了试油,最终采用这 3 口符合要求的井进行了对比。

苏 5-12-31 井试油结果(图3.16(a))表明,3 300~3 310 m 和 3 332~3 340 m 井段为气层;Castagna 判别法则预测结果表明(图3.16(b)),大部分层段位于负值区间,判定全层段含气概率都较大,与试油结果差异较大;而本书方法的预测结果表明(图3.16(c)),3 305~3 312 m 和 3 330~3 340 m 井段位于负值区间,预测为可能的气层,而其他层段位于正值区间,不含气,与试油结果基本吻合。

苏 5-5-29 井无气测显示,两种方法的判别结果相似,均位于正值区间,预测为不含气,与测试结果吻合较好(图3.17)。

将此判别公式应用于相邻的桃 7 区块之桃7-4-17 井,结果显示,全层段均位于正值区间,不含气,但测井解释和测试结果表明,在 3 288~3 292 m 井段为气层,不能进行准确预测(图3.18),这可能与两个区块地层的岩性差异有关。

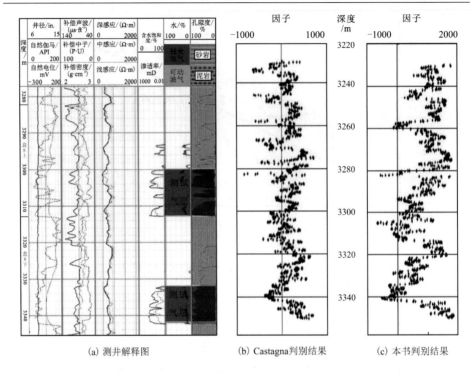

(a) 测井解释图　　　(b) Castagna判别结果　　　(c) 本书判别结果

图 3.16　苏 5-12-31 井判别图

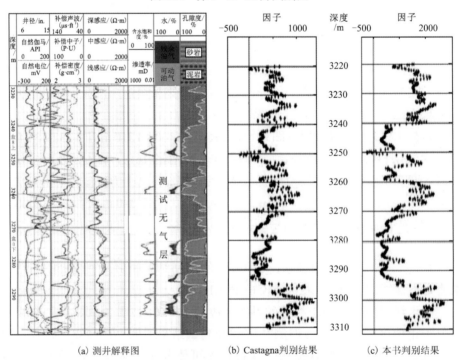

(a) 测井解释图　　　(b) Castagna判别结果　　　(c) 本书判别结果

图 3.17　苏 5-2-29 井判别图

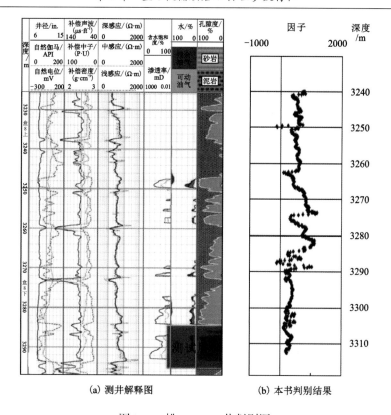

图 3.18　桃 7-4-17 井判别图

3.4.4 流体判别因子构建

由研究区岩芯样品的实验室分析数据得到的气水判别方程能够有效识别含气层段,因此对上式求导,就可以得到新的流体判别因子:

$$\Delta F = \frac{\Delta R_{\mathrm{S}}}{R_{\mathrm{S}}} - 0.714 \frac{\Delta R_{\mathrm{P}}}{R_{\mathrm{P}}} \tag{3.9}$$

式中, $\dfrac{\Delta R_{\mathrm{S}}}{R_{\mathrm{S}}}$——纵波速度变化率;

$\dfrac{\Delta R_{\mathrm{P}}}{R_{\mathrm{P}}}$——横波速度变化率。

式(3.9)的地球物理含义为:

(1) 当 $\Delta F < 0$ 时,表明储层内的孔隙流体为气的可能性较大;

(2) 当 $\Delta F \approx 0$ 时,表明储层内的孔隙流体可能为水,也可能是气;

(3) 当 $\Delta F > 0$ 时,表明储层内的孔隙流体可能为水的可能性较大。

由于本次岩芯测定资料样本有限,所得的统计方程可能具有一定误差,加之本区储层岩性差异较大,所以在流体判别时用"可能性"这一概念。

3.5　小　　结

现有波列测井资料分析结果表明,含气砂岩段的纵波速度和横波速度变化范围大,且与围岩段的速度有重叠,利用单一属性难以有效区分孔隙流体,而横波速度–密度交会、横波阻抗–密度交会对流体更敏感;由于沉积环境的差异造成岩石组分、颗粒大小、填隙物变化,现有岩芯样品的实验室测定与分析结果虽不能完全有效地区分孔隙流体,但具有较好的统计规律,与测井、试油结果对比表明,构建的流体判别因子能够有效地识别含气层段,若要得到更准确的判别模式,需要采集更多的岩芯样品进行进一步的测定和分析工作。

第 4 章 AVO 分析方法

AVO(amplitude versus offset)研究的是地震纵波振幅随偏移距(入射角)的变化关系,AVO 分析和地震反演结合提供了一种新的流体预测和岩性预测的方法,利用 AVO 数据进行物性参数反演可直接对岩性进行解释、预测地下岩性和孔隙流体的变化,其理论基础是描述平面纵波在阻抗界面处产生的各种反射波、透射波能量关系的 Zoeppritz 方程。

4.1 Zoeppritz 方程

在双层水平介质中,当平面纵波从介质 1 入射到介质 2 的表面时将产生四种波(图4.1),即反射纵波、转换反射横波、透射纵波和转换透射横波。

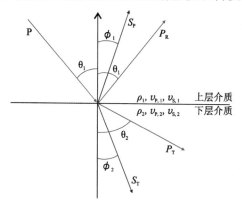

图 4.1 入射纵波与其产生的反射波和透射波的关系

在满足斯奈尔定律、应力连续、位移连续的条件下,反射纵波、转换反射横波、透射纵波和转换透射横波的能量与入射角的关系满足 Zoeppritz 方程(Zoeppritz, 1919; Sheriff, 1991):

$$
\begin{bmatrix}
-\sin\theta_1 & -\cos\phi_1 & \sin\theta_2 & -\cos\phi_2 \\
\cos\theta_1 & -\sin\phi_1 & \cos\theta_2 & \sin\phi_2 \\
\sin 2\theta_1 & \dfrac{v_{P1}}{v_{S1}}\cos 2\phi_1 & \dfrac{Z_{S2}}{Z_{S1}}\dfrac{v_{P1}}{v_{P2}}\dfrac{v_{S2}}{v_{S1}}\sin 2\theta_2 & -\dfrac{Z_{S2}}{Z_{S1}}\dfrac{v_{P1}}{v_{S1}}\cos 2\phi_2 \\
-\cos 2\phi_1 & -\dfrac{Z_{S1}}{Z_{P1}}\sin 2\phi_1 & \dfrac{Z_{P2}}{Z_{P1}}\cos 2\phi_2 & \dfrac{Z_{S2}}{Z_{P1}}\sin 2\phi_2
\end{bmatrix}
\begin{bmatrix}
R_{PP} \\
R_{PS} \\
T_{PP} \\
T_{PS}
\end{bmatrix}
=
\begin{bmatrix}
\sin\theta_1 \\
\cos\theta_1 \\
\sin 2\theta_1 \\
\cos 2\phi_1
\end{bmatrix}
$$

(4.1)

式中，R_{PP}，R_{PS}——反射纵波和反射转换横波的反射系数，无因次；

$\quad\quad$ T_{PP}，T_{PS}——透射纵波和透射转换横波的透射系数，无因次；

$\quad\quad$ v_{P1}，v_{P2}——分别为上层介质和下层介质的纵波速度，m/s；

$\quad\quad$ v_{S1}，v_{S2}——分别为上层介质和下层介质的横波速度，m/s；

$\quad\quad$ $Z_{Pi} = \rho_i v_{Pi}$——介质的纵波阻抗，$\times 10^6$ kg/(m²·s)；

$\quad\quad$ $Z_{Si} = \rho_i v_{Si}$——介质的横波阻抗，$\times 10^6$ kg/(m²·s)；

$\quad\quad$ ρ——介质的密度，g/cm^{-3}；

$\quad\quad$ θ_1，ϕ_1——纵波和横波的反射角，(°)；

$\quad\quad$ θ_2，ϕ_2——纵波和横波的透射角，(°)。

并满足以下射线方程：

$$p = \frac{\sin\theta_1}{v_{P1}} = \frac{\sin\theta_2}{v_{P2}} = \frac{\sin\phi_1}{v_{S1}} = \frac{\sin\phi_2}{v_{S2}} \tag{4.2}$$

式中，p——射线参数。

Zoeppritz 方程全面考虑了平面纵波以一定角度入射在水平界面上时，在其两侧产生的反射和透射纵波、横波能量之间的关系，其中，纵波反射系数的精确表达式为（Aki, et al., 1980）：

$$R_\theta = \frac{A + Bp^2 + Cp^4 - Dp^6}{E + Fp^2 + Gp^4 + Dp^6} \tag{4.3}$$

式中，$A = \dfrac{\rho_2 q_{v_{P1}} - \rho_1 q_{v_{P2}}}{\rho_2 q_{v_{S1}} + \rho_1 q_{v_{S2}}}$；

$\quad\quad$ $B = -4\Delta\mu\left(\rho_2 q_{v_{P1}} q_{v_{S1}} + \rho_1 q_{v_{P2}} q_{v_{S2}}\right) - (\Delta\rho)^2 + 4(\Delta\mu)^2 q_{v_{P1}} q_{v_{P2}} q_{v_{S1}} q_{v_{S2}}$；

$\quad\quad$ $C = 4(\Delta\mu)^2\left(q_{v_{P1}} q_{v_{S1}} - q_{v_{P2}} q_{v_{S2}}\right) + 4\Delta\mu\Delta\rho$；

$\quad\quad$ $D = 4(\Delta\mu)^2$；

$\quad\quad$ $E = \dfrac{\rho_2 q_{v_{P1}} + \rho_1 q_{v_{P2}}}{\rho_2 q_{v_{S1}} + \rho_1 q_{v_{S2}}}$；

$\quad\quad$ $F = -4\Delta\mu\left(\rho_2 q_{v_{P1}} q_{v_{S1}} - \rho_1 q_{v_{P2}} q_{v_{S2}}\right) + (\Delta\rho)^2 + 4(\Delta\mu)^2 q_{v_{P1}} q_{v_{P2}} q_{v_{S1}} q_{v_{S2}}$；

$\quad\quad$ $G = 4(\Delta\mu)^2\left(q_{v_{P1}} q_{v_{S1}} + q_{v_{P2}} q_{v_{S2}}\right) - 4\Delta\mu\Delta\rho$；

$\quad\quad$ $q_{v_{P1}} = \dfrac{\cos\theta_1}{v_{P1}} = \sqrt{\dfrac{1}{v_{P1}^2} - p^2}$；

$\quad\quad$ $q_{v_{P2}} = \dfrac{\cos\theta_2}{v_{P2}} = \sqrt{\dfrac{1}{v_{P2}^2} - p^2}$；

$$q_{v_{S1}} = \frac{\cos\phi_1}{v_{S1}} = \sqrt{\frac{1}{v_{S1}^2} - p^2};$$

$$q_{v_{S2}} = \frac{\cos\phi_2}{v_{S2}} = \sqrt{\frac{1}{v_{S2}^2} - p^2};$$

$$\Delta\mu = \mu_2 - \mu_1 = \rho_2 v_{S2}^2 - \rho_1 v_{S1}^2。$$

4.2　AVO 近似方法

由于 Zoeppritz 方程过于复杂,难以直接看清对反射系数有直接影响的参数。多年来,诸多学者推导了其近似表达式(Wang, 1999),先后有 Aki–Richards、Shuey、Hilterman 和 Mallick 等简化关系式(Aki, et al., 1980; Shuey, 1985; Hilterman, et al., 1990; Mallick, 1993),其中最有影响的当属 Shuey 的 Zoeppritz 方程两项近似,这一简化极大地推动了 AVO 技术的研究和应用。

4.2.1　Aki–Richards 近似

假定介质的弹性参量(纵波速度、横波速度和密度)的相对变化量($\Delta v_P/v_P$, $\Delta v_S/v_S$, $\Delta\rho/\rho$) 足够小,其平方参量可以忽略不计,且入射角小于临界角,Aki & Richards(1980)推导出了纵波反射系数的简化形式:

$$R(\theta) \approx \frac{1}{2}\left(1 - 4\frac{v_S^2}{v_P^2}\sin^2\theta\right)\frac{\Delta\rho}{\rho} + \frac{\sec^2\theta}{2}\frac{\Delta v_P}{v_P} - 4\frac{v_S^2}{v_P^2}\sin^2\theta\frac{\Delta v_S}{v_S} \qquad (4.4)$$

式中, $v_P = \frac{v_{P2} + v_{P1}}{2}$;

$\Delta v_P = v_{P2} - v_{P1}$;

$v_S = \frac{v_{S2} + v_{S1}}{2}$;

$\Delta v_S = v_{S2} - v_{S1}$;

$\rho = \frac{\rho_2 + \rho_1}{2}$;

$\Delta\rho = \rho_2 - \rho_1。$

角度 θ 为入射角和透射角的平均值,并且遵从 Snell 定律:

$\theta = \frac{\theta_2 + \theta_1}{2}$;

$\frac{\sin\theta_1}{v_{P1}} = \frac{\sin\theta_2}{v_{P2}} = p。$

4.2.2 Shuey 近似

1985 年, Shuey 对 Aki−Richards 近似作了进一步研究, 引入泊松比(σ) 来消除横波参量(v_S, Δv_S), 即:

$$\Delta\sigma = \sigma_2 - \sigma_1 \tag{4.5}$$

$$\sigma = \frac{\sigma_1 + \sigma_2}{2} \tag{4.6}$$

式中, σ_1, σ_2 —— 上层和下层介质的泊松比, 无因次。

由泊松比的定义, 则有

$$v_S^2 = v_P^2 \frac{1 - 2\sigma}{2(1 - \sigma)} \tag{4.7}$$

并得出结论: 在反射系数随入射角的变化过程中, 泊松比是与之关系最密切的一个弹性参数, 因此, 将方程重新改写成小角度项、中角度项和广角项三部分之和, 即 Shuey 近似公式:

$$R_P \approx R_0 + \left[A_0 R_0 + \frac{\Delta\sigma}{(1 - \sigma)^2}\right]\sin^2\theta + \frac{1}{2}\frac{\Delta v_P}{v_P}\left(\tan^2\theta - \sin^2\theta\right) \tag{4.8}$$

或

$$R_P \approx R_0 + A\sin^2\theta + B\left(\tan^2\theta - \sin^2\theta\right) \tag{4.9}$$

式中, $R_0 \approx \dfrac{1}{2}\left(\dfrac{\Delta v_P}{v_P} + \dfrac{\Delta\rho}{\rho}\right)$;

$A = A_0 R_0 + \dfrac{\Delta\sigma}{(1 - \sigma)^2}$;

$A_0 = B - 2(1 + B)\dfrac{1 - 2\sigma}{1 - \sigma}$;

$B = \dfrac{\Delta v_P/v_P}{\Delta v_P/v_P + \Delta\rho/\rho}$。

在 Shuey 近似(式(4.8)或式(4.9))中, 界面两侧的泊松比之差($\Delta\sigma$)是 1 个至关重要的变量, 也是振幅与炮检距(入射角)关系(AVO/AVA)研究的物理基础。

式(4.8)和式(4.9)中, 右边的第 1 项代表小角度入射项($\theta \approx 0$), 是纵波速度变化率和密度变化率的平均值, 其值近似等于法向入射项, 随着入射角的增大, 该项的值逐渐减小。右边的第 2 项代表中入射角项($0° < \theta < 30°$), 其值与介质的泊松比关系密切, 此项更能突出岩性及含油气特征。在其他条件不变时, 下伏介质的泊松比越大, 或上覆介质的泊松比越小, 反射系数就越大; 当上下介质的泊松比差值不变时, 泊松比越大, 反射系数就越大; 如果上下介质的速度差变小, 上述现象更为明显。这个范围正是研究振幅随炮检距(入射

角)变化的主要区域。右边的第 3 项代表广角反射项($\theta > 30°$),此时,反射系数仅与速度变化率有关。

4.2.3 Smith–Gidlow 近似

由纵波速度与密度的 Gardner 方程(Smith, et al., 1987):

$$\rho = cv_P^g \tag{4.10}$$

式中,c,g——拟合系数。

则有

$$\frac{\Delta\rho}{\rho} = \frac{\Delta\left(cv_P^g\right)}{cv_P^g} \approx \left(\frac{\Delta v_P}{v_P}\right)^g \tag{4.11}$$

代入 Aki–Richards 近似方程(式4.4),整理可得

$$R_\theta = \left(\frac{\Delta v_P}{v_P}\right)\left[\frac{1}{2}\left(1 + \tan^2\theta\right) + g\left(1 - 2\gamma^2 \sin^2\theta\right)\right] \times \left(\frac{\Delta v_S}{v_S}\right)\left(4\gamma^2 \sin^2\theta\right) \tag{4.12}$$

式中,$\gamma = v_S/v_P$——横波、纵波速度比,无因次。

通过对角道集数据进行曲线拟合,可以得到纵波速度的变化率($\Delta v_P/v_P$)和横波速度的变化率($\Delta v_S/v_S$),进而预测岩性或孔隙流体。

4.2.4 Fatti 近似

由声波阻抗的定义,可得

$$I_P = \rho v_P \tag{4.13}$$

$$I_S = \rho v_S \tag{4.14}$$

式中,I_P——纵波阻抗,$\times 10^6\ \text{kg/(m}^2\cdot\text{s)}$;

I_S——横波阻抗,$\times 10^6\ \text{kg/(m}^2\cdot\text{s)}$。

假定界面两侧的密度差非常小,则有

$$\frac{\Delta v_P}{v_P} + \frac{\Delta\rho}{\rho} \approx \frac{\Delta I_P}{I_P} \tag{4.15}$$

$$\frac{\Delta v_S}{v_S} + \frac{\Delta\rho}{\mu} \approx \frac{\Delta I_S}{I_S} \tag{4.16}$$

则 Zoeppritz 方程的 Aki–Richards 近似(式4.4)可表示为

$$R_\theta = \frac{1}{2}\frac{\Delta I_P}{I_P}\left(1 + \tan^2\theta\right) - 4\gamma^2\frac{\Delta I_S}{I_S}\sin^2\theta - \left(\frac{1}{2}\frac{\Delta\rho}{\rho}\tan^2\theta - 2\gamma^2\frac{\Delta\rho}{\rho}\sin^2\theta\right) \tag{4.17}$$

在入射角小于 35°,且横、纵波速度比 $\gamma \approx 0.5$ 时,式(4.17)右边的第 3 项可以忽略不计,则有

$$R_\theta = \frac{1}{2}\frac{\Delta I_P}{I_P}\left(1 + \tan^2\theta\right) - 4\gamma^2\frac{\Delta I_S}{I_S}\sin^2\theta \tag{4.18}$$

对角道集数据进行曲线拟合,就可以求得纵波反射率($R_P = \Delta I_P / I_P$)和横波反射率($R_S = \Delta I_S / I_S$)。

岩石孔隙中所含流体不同,其纵波速度和横波速度的变化规律亦有不同(图4.2),为此,Castagna 等(1985)定义了区分砂泥和泥岩的、盐水饱和岩石

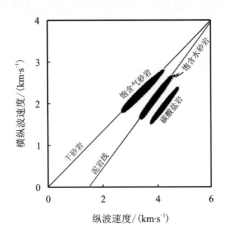

图 4.2　不同孔隙流体的纵横波速度交会图(Castagna, et al., 1985)

的纵、横波速度方程:

$$v_P = 1360 + 1.16v_S \tag{4.19}$$

对式(4.19)求导,得

$$\frac{\Delta v_P}{v_P} = 1.16\frac{\Delta v_S}{v_S} \tag{4.20}$$

则有

$$R_P = 1.16v_S \tag{4.21}$$

则流体因子 ΔF 定义为

$$\Delta F = R_P - 1.16R_S \tag{4.22}$$

由式(4.22)可以看出,流体指示因子基于阻抗信息。该方法截断了广角反射项,其前提是入射角小于35°,且横、纵波速度比 $\gamma \approx 0.5$。

4.2.5 Hilterman 近似

Shuey 三项近似方程可改写为

$$R_\theta \approx R_0 + \left[\frac{1}{2}\frac{\Delta v_P}{v_P}\left(1 - 4\gamma^2\right) - 4R_0\gamma^2 + \frac{\Delta\sigma}{(1-\sigma)^2}\right]\sin^2\theta + \frac{1}{2}\frac{\Delta v_P}{v_P}\left(\tan^2\theta - \sin^2\theta\right)$$
$$\tag{4.23}$$

整理得

$$R_\theta \approx R_0 \left[1 - 4\gamma^2 \sin^2\theta \right] + \frac{\Delta\sigma}{(1-\sigma)^2} \sin^2\theta + \frac{1}{2} \frac{\Delta v_P}{v_P} \left(\tan^2\theta - 4\gamma^2 \sin^2\theta \right) \qquad (4.24)$$

假定纵横波速度比 $\gamma = v_S/v_P \approx 0.5$,且入射角小于 $30°$,则式(4.24)中的第 3 项可以忽略,则有

$$R_\theta \approx R_0 \cos^2\theta + \sigma_R \sin^2\theta \qquad (4.25)$$

式中, $\sigma_R = \Delta\sigma/(1-\sigma)^2$——泊松反射率。

对角道集数据进行曲线拟合,就可以得到垂直入射的纵波反射系数和泊松反射率,而泊松反射率的变化可以指示孔隙流体的变化或岩性的变化。

4.2.6 Gray 近似

在 Aki–Richards 近似方程(式4.4)中,用岩石的弹性参量 λ, μ 来表示其纵波速度(v_P)和横波速度(v_S),则有

$$R_\theta = \frac{1}{2} \left(\frac{\Delta\lambda}{\lambda} \right) \left(1 - \gamma^2 \right) \sec^2\theta - \left(\frac{\Delta\mu}{\mu} \right) \gamma^2 \left(\frac{1}{2} \sec^2\theta - 2\sin^2\theta \right) + \frac{1}{2} \left(\frac{\Delta\rho}{\rho} \right) \left(1 - \frac{1}{2} \sec^2\theta \right)$$

$$(4.26)$$

通过对角道集数据进行曲线拟合,可以得到岩石的弹性参量 λ, μ 的变化率 $\Delta\lambda/\lambda$ 和 $\Delta\mu/\mu$。该方程对纵横波速度比和密度未作任何假设,但在实际应用时要求入射角小于 $60°$,且忽略了方程中右边的第 3 项。

4.2.7 基于纵横波速度比和密度比的近似方法

上述各种方法(4.2.1~4.2.6)在实际应用中都采用纵横波速度比近于 2 这一前提假设条件,但这一假设在大部分地区是不成立的,且多没有考虑密度变化。而随着孔隙流体的变化,介质的纵波速度和密度也会随之变化(Mallick, 2006),因此,研究地震纵波振幅随偏移距(入射角)的变化规律就不能忽略密度的变化特征,这就需要寻找一种表达方式来表述岩层的纵波速度、横波速度和密度的变化特征。

苏里格气田储层主要分布在下二叠统盒 8 段,通过波列测井资料(su5–10–27, su5–2–29, su5–12–31, su5–14–26)提取的储层段纵横波速度比曲线显示其值在 1.7 左右(图4.3(a));广安气田储层主要分布在须四段,由波列测井资料(ga111, ga126, ga128)提取的储层段纵横波速度比曲线表明其值在 1.65 左右(图4.3(b))。苏里格气田盒 8 段纵波速度、横波速度及密度变化率曲线(图4.4)表明,在砂岩段其密度变化远小于速度变化,而在泥岩段则差异不大;广安气田须四段附近的分析结果(图4.5)与苏里格气田具类似特征。

上述典型气田含气砂岩段测井资料分析表明,致密碎屑岩储层的密度变化相对于其纵波速度和横波速度的变化而言较小,据此,整理 Aki–Richards 方

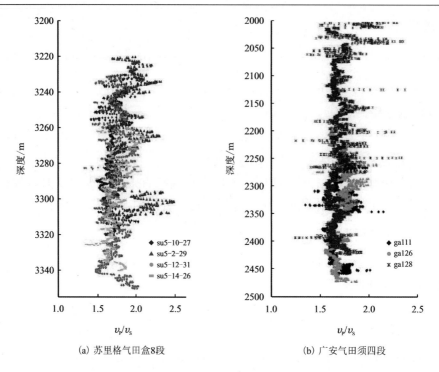

(a) 苏里格气田盒8段　　　　　　　　　(b) 广安气田须四段

图4.3　纵横波速度比曲线

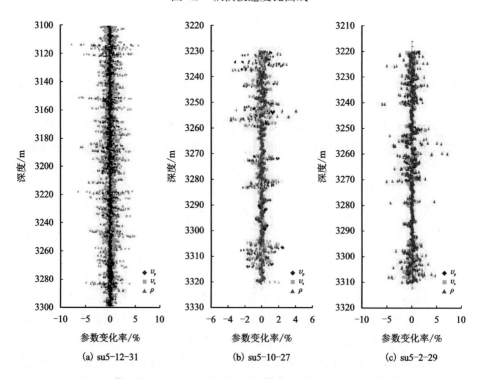

(a) su5-12-31　　　　　　　(b) su5-10-27　　　　　　(c) su5-2-29

图4.4　苏里格地区盒8段纵波速度、横波速度及密度变化率曲线

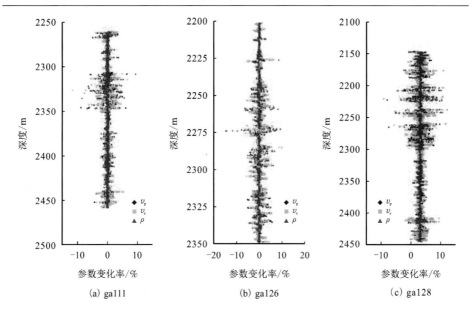

图 4.5 广安地区须四段纵波速度、横波速度及密度变化率曲线

程(式4.4),可得

$$R_\theta = \frac{1}{2}\frac{\Delta v_P}{v_P}\left(1 + \tan^2\theta\right) - 4\gamma^2\frac{\Delta v_S}{v_S}\sin^2\theta - \frac{1}{2}\frac{\Delta\rho}{\rho}\left(1 - 4\gamma^2\sin^2\theta\right) \tag{4.27}$$

式(4.27)中密度项的系数不仅与入射角有关,也与横纵波速度比有关,因而难以准确判定,亦即无法获得准确的密度项系数。

由于密度变化较小,为此对密度项的系数进行近似处理,即假设横、纵波速度比为 0.5,则有

$$1 - 4\gamma^2\sin^2\theta = \cos^2\theta \tag{4.28}$$

代入式(4.27),有

$$R_\theta = \frac{1}{2}\frac{\Delta v_P}{v_P}\left(1 + \tan^2\theta\right) - 4\gamma^2\frac{\Delta v_S}{v_S}\sin^2\theta - \frac{1}{2}\frac{\Delta\rho}{\rho}\cos^2\theta \tag{4.29}$$

式(4.29)与 Aki–Richards 近似(式4.4)的误差为 $\varepsilon = (4\gamma^2 - 1)\sin^2\theta$。

利用式(4.29),就可以通过角道集曲线拟合,得到地下介质两侧的纵波速度、横波速度和密度的变化率,进而进行孔隙流体的判别。

4.2.8 AVO 正演方法对比

利用现有波列测井资料进行正演模拟,结果(图4.6)表明:① Shuey 三项近似(黄色)和 Aki–Richard 近似(红色)完全相同;② 在入射角小于 15°时各种近似方法都有较高精度,与理论反射系数基本相当,但与 Zoeppritz 的精确表达式(绿色)存在较大误差;③ Shuey 两项近似在入射角小于 25°时与其三项近似

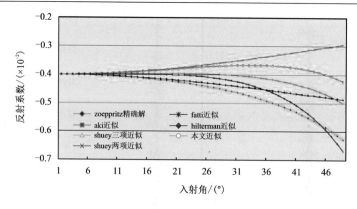

图 4.6　反射系数随入射角变化图

几乎完全相同,但随着入射角度的进一步增大,其与 Zoeppritz 精确表达式之间的误差逐渐加大;④ Fatti 近似、Hilterman 近似和本书提出的近似方法所得的反射系数介于 Zoeppritz 精确表达式和 Aki-Richard 近似之间,但本书近似方法的计算误差与入射角呈线性关系。

　　各种近似的角道集模拟结果(图4.7)表明:① 在小角度入射的情况下,各

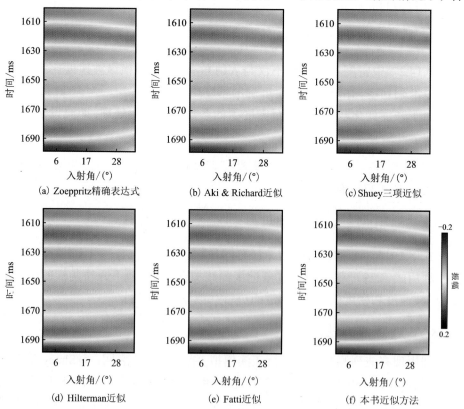

图 4.7　AVO 角道集正演记录

种近似的正演记录道基本没有差异,随着入射角度增大,中间同相轴差异性增强,特别是 Fatti 近似和 Hilterman 近似,这和其假设条件有关;② 正演得到的角道集为共中心点数据,按层状介质理论,其同相轴应该是水平的,但由于薄层干涉和反射系数随入射角度变化的共同影响,其并非水平的,这与数据处理过程中速度分析、静校正处理的假设不符,因此,在资料过程中需注意保护这种动校不足或动校过量的假象。

4.3　AVO 分析方法

无论采取何种近似,其目的都是试图通过分析角道集的振幅随入射角的变化来研究孔隙流体,进而预测有利的勘探或开发目标。到目前为止,由于其理论成熟、使用简单、算法稳定,业界广泛使用 Shuey 两项近似进行 AVO 的正、反演研究。

4.3.1　Shuey 两项近似的属性应用

地震纵波的反射振幅不仅与入射角有关,也与介质的弹性参数,包括纵波速度、横波速度、密度、泊松比等有关。在入射角较小时,来自两个弹性介质分界面的平面反射纵波的振幅与 $\sin^2\theta$ 呈近似线性关系(Shuey, 1985),即忽略式(4.9)中右边的第 3 项,则有

$$R_{\mathrm{P}} \approx R_0 + \left[A_0 R_0 + \frac{\Delta\sigma}{(1-\sigma)^2}\right]\sin^2\theta = P + G\sin^2\theta \tag{4.30}$$

式中, $A_0 = B - 2(1+B)\dfrac{1-2\sigma}{1-\sigma}$;

$B = \dfrac{\Delta v_{\mathrm{P}}/v_{\mathrm{P}}}{\Delta v_{\mathrm{P}}/v_{\mathrm{P}} + \Delta\rho/\rho}$;

$P \approx \dfrac{1}{2}\left(\dfrac{\Delta v_{\mathrm{P}}}{v_{\mathrm{P}}} + \dfrac{\Delta\rho}{\rho}\right)$ ——直线方程的截距,代表纵波反射振幅;

$G = A_0 R_0 + \dfrac{\Delta\sigma}{(1-\sigma)^2}$ ——直线方程的梯度,反映反射振幅随入射角的变化率及变化趋势。

通过对各种炮检距(入射角)的实际地震波振幅进行曲线拟合(Castagna, et al., 1994; Castagna, et al., 1997),就可以得到纵波剖面、横波剖面及其各种衍生剖面,常见的 AVO 属性剖面有以下几种:

(1) 截距(纵波)剖面。Shuey 两项近似中的第一项,即纵波反射系数 R_0 ,当振幅随偏移距(入射角)变化明显时,常规的 CMP 叠加剖面不能被近似成自激自收剖面,而纵波反射率剖面克服了这一缺陷,它相当于零炮检距剖面,但

较其有更高的分辨率和信噪比,所反映的自激自收特性更适用于常规的纵波反演。储层含气时,其截距剖面上对应的是强振幅——"亮点"异常。

(2) 梯度和限制梯度剖面。梯度指的是 Shuey 两项近似中的第二项,反映的是岩层弹性参数的综合特征,是纵波反射系数变化率的表征量,包含了振幅随偏移距(入射角)变化的信息,为了描述振幅随偏移距(入射角)的绝对变化,引入限制梯度的概念。当振幅的绝对值随偏移距(入射角)增加而增加时,限制梯度就表现为正值,此时,对于典型的砂泥岩沉积层序来讲,往往预示着砂岩含气。

(3) 相对泊松比剖面。在 Shuey 三项近似方程中,令 $\sigma = 1/3$,则有

$$G = \frac{1}{2}\frac{\Delta v_P}{v_P} - \frac{\Delta v_S}{v_S} - \frac{1}{2}\frac{\Delta \rho}{\rho} = \frac{1}{2}\left(\frac{\Delta v_P}{v_P} + \frac{\Delta \rho}{\rho}\right) - \left(\frac{\Delta v_S}{v_S} + \frac{\Delta \rho}{\rho}\right) = R_P - 2R_S \qquad (4.31)$$

式中, $R_P = \frac{\Delta v_P}{v_P} + \frac{\Delta \rho}{\rho}$;

$$R_S = \frac{\Delta v_S}{v_S} + \frac{\Delta \rho}{\rho} \, .$$

因此,横波反射系数可根据梯度和截距估算,即:

$$R_S = \frac{R_P - G}{2} \qquad (4.32)$$

由于横波不能在流体中传播,因此,横波剖面实际反映的是岩石骨架的信息。就储层而言,横波反射振幅的横向变化可以反映储层横向物性的变化。在围岩物性参数变化不大的情况下,横波反射振幅越大,说明储层横波速度与上覆围岩的横波速度差异就越大,表明储层的物性越好;其值越小,储层的横波速度与上覆围岩的横波速度差异就越小,表明储层的物性越差。因此,利用横波剖面并结合其他属性参数,可以间接地判断储层的横向变化。

本质上,AVO 属性剖面作为地震属性的一种特殊形式,它反映的是地下波阻抗界面两侧的弹性参数差异。这种差异既可能缘于岩性的变化,也可能缘于孔隙中所充填流体的差异。

4.3.2 广义 AVO 属性分析

以 Fatti 近似为例,其近似式为

$$R_\theta = \frac{1}{2}\left(\frac{\Delta I_P}{I_P}\right)(1 + \tan^2\theta) - 4\gamma^2\left(\frac{\Delta I_S}{I_S}\right)\sin^2\theta - \left[\frac{1}{2}\frac{\Delta \rho}{\rho}\tan^2\theta - 2\gamma^2\frac{\Delta \rho}{\rho}\sin^2\theta\right] \qquad (4.33)$$

目前多应用线性近似对其进行拟合分析,前已述及,纵横波速度比 γ 为 2 这一假设至少在苏里格是不成立的,也就是说,即使在入射角小于 35° 的前提下,忽略方程中右边的第 3 项也是不合适的,因此,需要寻求非线性变化的拟合分析方法。

1. SVD 分解

对于任一 $M \times N$ 阶矩阵 $\boldsymbol{A}$，如果其行数 M 大于或等于其列数 N，则可将其写成一个 $M \times N$ 阶的列正交矩阵 $\boldsymbol{U}$、一个 $N \times N$ 阶的对角矩阵(其对角元素是正元或零元)$\boldsymbol{W}$ 和一个 $N \times N$ 阶的正交矩阵 $\boldsymbol{V}$ 的转置的乘积(Hansen，1987)：

$$\boldsymbol{A} = \boldsymbol{U} \cdot \begin{bmatrix} w_1 & & & \\ & w_2 & & \\ & & \vdots & \\ & & & w_N \end{bmatrix} \cdot \boldsymbol{V}^{\mathrm{T}} \tag{4.34}$$

在列正交意义下，矩阵 $\boldsymbol{U}$ 和 $\boldsymbol{V}$ 都是正交矩阵：

$$\sum_{i=1}^{M} U_{ik} U_{in} = \delta_{kn}, \qquad 1 \leqslant k \leqslant N, 1 \leqslant n \leqslant N \tag{4.35}$$

$$\sum_{j=1}^{M} V_{jk} V_{jn} = \delta_{kn}, \qquad 1 \leqslant k \leqslant N, 1 \leqslant n \leqslant N \tag{4.36}$$

由于 $\boldsymbol{V}$ 是方阵，故它也是行正交的：

$$\boldsymbol{V}\boldsymbol{V}^{\mathrm{T}} = \boldsymbol{I} \tag{4.37}$$

无论矩阵怎样奇异，式(4.34)总是成立且几乎"唯一"。如果矩阵 $\boldsymbol{A}$ 为方阵，则 $\boldsymbol{U}$、$\boldsymbol{V}$ 和 $\boldsymbol{W}$ 都是同样阶数的方阵，它们的逆就可以很容易得到：由于 $\boldsymbol{U}$ 和 $\boldsymbol{V}$ 是正交矩阵，它们的逆就等于它们的转置；由于 $\boldsymbol{W}$ 是对角矩阵，则其逆就是以 w_j 的倒数为元素的对角矩阵。因此，由式(4.34)就可以得到 $\boldsymbol{A}$ 的逆：

$$\boldsymbol{A}^{-1} = \boldsymbol{V} \left| \mathrm{diag}\left(1/w_j\right) \right| \boldsymbol{U}^{\mathrm{T}} \tag{4.38}$$

2. SVD 拟合

考虑联立线性方程组：

$$\boldsymbol{A} \cdot \boldsymbol{x} = \boldsymbol{b} \tag{4.39}$$

式中，$\boldsymbol{A}$——系数矩阵；

　　　　$\boldsymbol{b}$——常数矩阵；

　　　　$\boldsymbol{x}$——解向量。

方程(4.39)把 $\boldsymbol{A}$ 定义为一个从向量空间 $\boldsymbol{x}$ 到另一个向量空间 $\boldsymbol{b}$ 的线性映射。如果 $\boldsymbol{A}$ 是奇异的，则有 $\boldsymbol{x}$ 的某个被 $\boldsymbol{A}$ 映成零的子空间($\boldsymbol{A} \cdot \boldsymbol{x} = 0$)——零空间；$\boldsymbol{b}$ 也有某个能被"达到"的子空间，即存在某个 $\boldsymbol{x}$ 被映射到 $\boldsymbol{b}$，这个子空间称为 $\boldsymbol{A}$ 的值域，值域的维数称做 $\boldsymbol{A}$ 的秩。如果 $\boldsymbol{A}$ 非奇异，则其值域为整个向量空间 $\boldsymbol{b}$，其秩为 N；如果 $\boldsymbol{A}$ 奇异，则其秩小于 N。

奇异值分解(singular value decomposition，SVD)通过下述方法构造矩阵零空间和值域的正交基：元素 w_j 非零时，$\boldsymbol{U}$ 中有同样序号的列是一组值域的正交基向量；元素 w_j 为零时，$\boldsymbol{V}$ 中有同样序号的列是零空间的正交基。如果向量 $\boldsymbol{b}$ 位于 $\boldsymbol{A}$ 的值域，则方程组有解，其解为

$$\boldsymbol{x} = \boldsymbol{V} \left| \mathrm{diag}\left(1/w_j\right) \right| \left(\boldsymbol{U}^{\mathrm{T}}\boldsymbol{b}\right) \tag{4.40}$$

如果向量 $\boldsymbol{b}$ 不在 $\boldsymbol{A}$ 的值域，式(4.40)仍可构造解向量 $\boldsymbol{x}$，此向量并不准确，但在所有可能的向量中，它在最小二乘意义下是最接近的一个。

根据上述原理，就可以对 AVO 角道集数据进行三参量拟合分析，得到刻画岩石物理参数(纵波阻抗、横波阻抗、泊松比)变化率的属性剖面，进而进行孔隙流体和岩性的判别研究。应用此方法，完成了 Shuey、Fatti、Hilterman 等多种近似方法的属性提取软件的编写。Marmousi2 模型(图4.8~图4.10)测试结果(图4.11~图4.23)表明，多参量属性分析信息丰富，但由于各参量相互影响，且是最小二乘逼近，其结果不可能和模型完全一致。

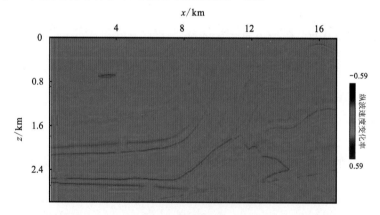

图 4.8　Marmousi2 模型地球物理参数变化率剖面(纵波速度变化率)

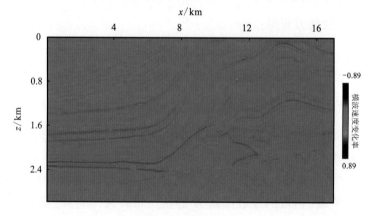

图 4.9　Marmousi2 模型地球物理参数变化率剖面(横波速度变化率)

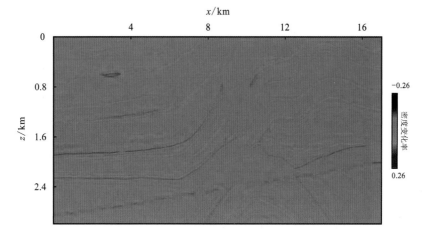

图 4.10　Marmousi2 模型地球物理参数变化率剖面(密度变化率)

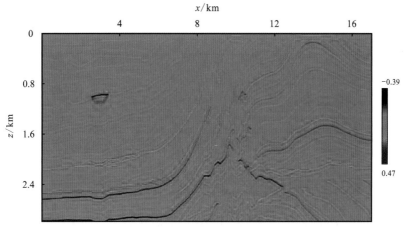

图 4.11　Marmousi2 模型 Shuey 近似属性剖面(P)

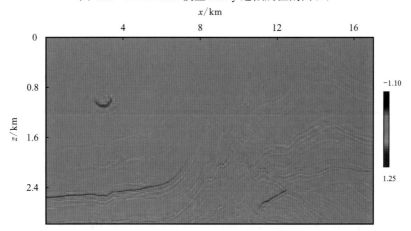

图 4.12　Marmousi2 模型 Shuey 近似属性剖面(G)

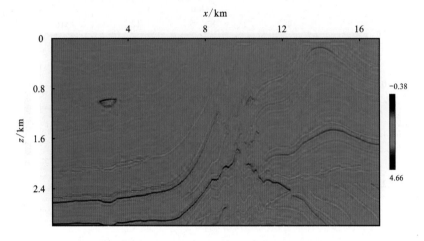

图 4.13　Marmousi2 模型 Hilterman 近似属性剖面(R_0)

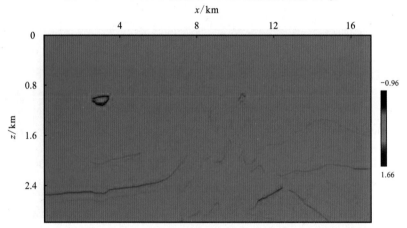

图 4.14　Marmousi2 模型 Hilterman 近似属性剖面(Poisson 变化率)

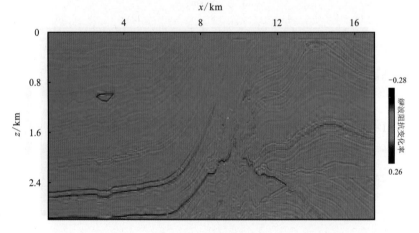

图 4.15　Marmousi2 模型 Fatti 近似属性剖面(纵波阻抗变化率)

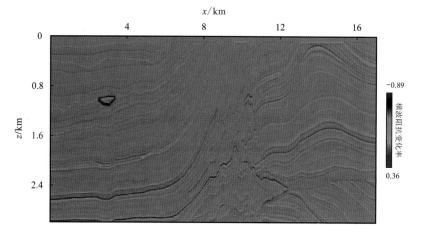

图 4.16　Marmousi2 模型 Fatti 近似属性剖面(横波阻抗变化率)

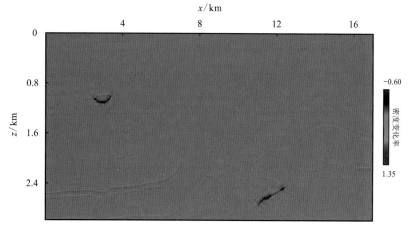

图 4.17　Marmousi2 模型 Fatti 近似属性剖面(密度变化率)

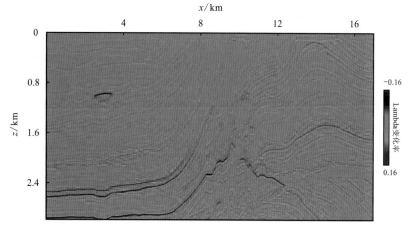

图 4.18　Marmousi2 模型 Gray 近似属性剖面(λ 变化率)

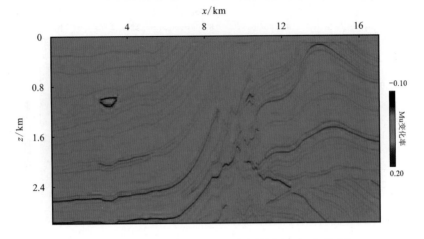

图 4.19　Marmousi2 模型 Gray 近似属性剖面(μ 变化率)

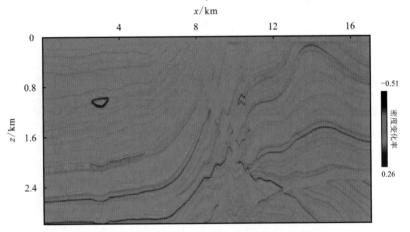

图 4.20　Marmousi2 模型 Gray 近似属性剖面(密度变化率)

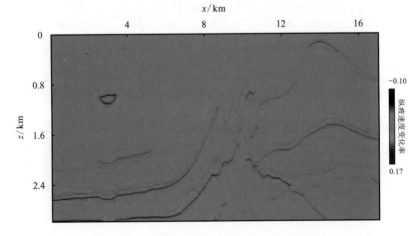

图 4.21　Marmousi2 模型本书近似属性剖面(纵波速度变化率)

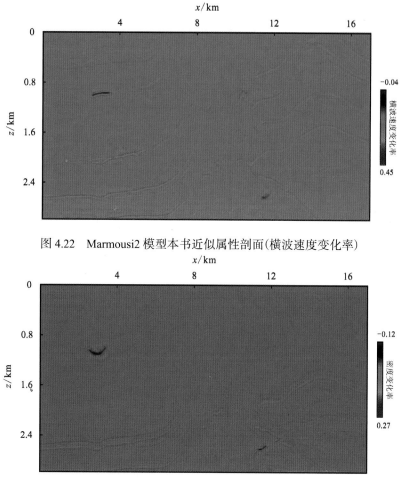

图 4.22 Marmousi2 模型本书近似属性剖面(横波速度变化率)

图 4.23 Marmousi2 模型本书近似属性剖面(密度变化率)

4.4 含气砂岩分类

自应用地震纵波振幅异常检测含气砂岩以来,AVO 技术广泛应用于碎屑岩和碳酸盐岩油气检测领域(Regueiro, et al., 1999;谢用良,2006;何诚,等,2005;刘亚明,2005;贺保卫,等,2005;许多,等,2001;王大兴,等,2001),并在世界上许多地区取得成功。

AVO 应用早期,地球物理学家主要在叠加剖面上寻找"亮点"对碎屑岩储层进行含气性检测,随着该技术的不断应用,人们认识到含气砂岩反射的 AVO 响应有很多种(Ostrander,1984)。Rutherford 等(1989)首先建立了含气砂岩的分类,Castagna 等(1998)在 Ostrander 三类砂岩分类的基础上又划分出第四类 AVO 砂岩(图4.24,表4.1)。

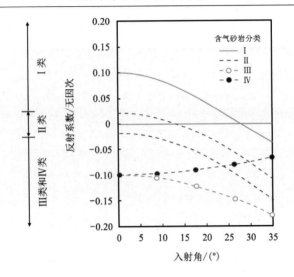

图4.24　含气砂岩顶界反射系数与入射角关系图(Castagna, et al., 1998)

表4.1　各类含气砂岩的响应特征

分类	相对阻抗	象限	截距	梯度	备注
I 类	高于围岩	IV	正值	负值	反射系数随偏移距增大而降低
II 类	与围岩接近	III 或 IV	正值或负值	负值	反射系数随偏移距增大而增大或降低
III 类	低于围岩	III	负值	负值	反射系数随偏移距增大而增大
IV 类	低于围岩	II	负值	正值	反射系数随偏移距增大而降低

4.4.1 I 类——高阻砂岩

I 类砂岩较围岩有更高的波阻抗,因此在界面上有大的正反射系数,此类砂岩通常成熟度较高,且压实程度在中等到高。高阻砂岩在零偏移距时反射系数为正,随着偏移距增大反射系数逐渐降低,如果偏移距范围足够大,其极性也会发生变化,其梯度即依赖于零偏移距时的反射系数,也与界面两侧的泊松比有关。

4.4.2 II 类——阻抗差近于零的砂岩

II 类砂岩的波阻抗与围岩非常接近,其结构成熟度和压实程度一般为中等。此类砂岩在小偏移距时反射系数接近于零,随着偏移距增大反射系数的绝对值逐渐增大,如果在小偏移距时反射系数为正且偏移距范围足够大,其极性也会发生变化,其梯度一般较 II 类砂岩大。

4.4.3 III 类——低阻砂岩

III 类砂岩的波阻抗较围岩低,通常情况下为欠压实,且胶结程度低。此类砂岩的反射系数在零偏移距时为负值,随着偏移距增大反射系数的绝对值逐渐增大,其梯度一般较大,但与 I 类和 II 类相比要小。

4.4.4 Ⅳ 类——低阻砂岩

与 Ⅲ 类砂岩非常相似,Ⅳ 类砂岩的波阻抗较围岩低,通常情况下为欠压实,且胶结程度低。此类砂岩的反射系数在零偏移距时为负值,由于其梯度为正值,随着偏移距增大反射系数的绝对值逐渐减小。

4.5　小　　结

苏里格气田储层段纵横波速度比在 1.7 左右,相对速度变化率而言,含气砂岩段的密度变化率较低,据此提出了新的包含密度变化特征的 AVO 近似方程。理论模型的反射系数计算表明,本书近似方法精度较高,可以得到较准确的速度和密度变化率。

第 5 章 岩石物理参数重构方法

常规叠后波阻抗反演建立在地震波垂直入射的假设基础之上,而实际地震资料(叠加剖面)并非自激自收的,其反射波振幅是共中心点道集叠加平均的结果,不能反映振幅随偏移距(或入射角)变化而变化的趋势,利用常规叠后波阻抗反演就不能或难以得到可靠的波阻抗等岩性信息(马劲风,2003)。

为了克服叠后反演的缺点,就必须采用能够反映反射地震波振幅随偏移距(入射角)变化的叠前资料进行叠前反演——弹性阻抗反演(Connolly,1999)。由于角道集叠加剖面能够保留和突出识别地层流体和岩性方面的 AVO(或 AVA)特征,因此,弹性阻抗反演能够反映振幅随偏移距(入射角)变化的信息,且具有良好的保真性(王保丽,等,2005)。弹性阻抗(elastic impedance)是对声波阻抗(acoustic impedance)的推广,是入射角的函数,也是对线性化 Zoeppritz 方程的一个近似,它提供了一个连续的、绝对的框架来标定和反演非零偏移距数据体,而声阻抗是入射角为零($\theta = 0$)时弹性阻抗的一个特例。

5.1 弹性阻抗基本原理

5.1.1 弹性阻抗

在 Aki–Richards(1980)对 Zoeppritz 方程的三项线性近似:

$$R_\theta = A + B\sin^2\theta + C\sin^2\theta\tan^2\theta \tag{5.1}$$

基础上,Connolly(1999)构建了一个与入射角有关的函数,与声波阻抗定义类似,有

$$R_\theta = \frac{I_{E,\theta_2} - I_{E,\theta_1}}{I_{E,\theta_2} + I_{E,\theta_1}} = \frac{1}{2}\frac{\Delta I_{E,\theta}}{I_{E,\theta}} \tag{5.2}$$

式中, $A = \dfrac{1}{2}\left(\dfrac{\Delta v_P}{v_P} + \dfrac{\Delta \rho}{\rho}\right)$;

$B = \dfrac{\Delta v_P}{2v_P} - 4\dfrac{v_S^2}{v_P^2}\dfrac{\Delta v_S}{v_S^2} - 2\dfrac{v_S^2}{v_P^2}\dfrac{\Delta \rho}{\rho}$;

$C = \dfrac{1}{2}\dfrac{\Delta v_P}{v_P}$

在 Δx 较小时, 有 $\Delta x / x \approx \Delta(\ln x)$, 因此, 在入射角较小时, 可以用自然对数将角度反射系数近似表示为

$$R_\theta \approx \frac{1}{2} \Delta \ln(I_{\mathrm{E},\theta}) \tag{5.3}$$

则有

$$\frac{1}{2} \Delta \ln(I_{\mathrm{E},\theta}) = \frac{1}{2}\left(\frac{\Delta v_{\mathrm{P}}}{v_{\mathrm{P}}} + \frac{\Delta \rho}{\rho}\right) + \left(\frac{\Delta v_{\mathrm{P}}}{2v_{\mathrm{P}}} - 4\frac{v_{\mathrm{S}}^2}{v_{\mathrm{P}}^2}\frac{\Delta v_{\mathrm{S}}}{v_{\mathrm{S}}} - 2\frac{v_{\mathrm{S}}^2}{v_{\mathrm{P}}^2}\frac{\Delta \rho}{\rho}\right)\sin^2\theta + \left(\frac{1}{2}\frac{\Delta v_{\mathrm{P}}}{v_{\mathrm{P}}}\right)\sin^2\theta\tan^2\theta \tag{5.4}$$

引入系数 K, 并令其为 $K = v_{\mathrm{S}}^2 / v_{\mathrm{P}}^2$, 可得

$$\Delta \ln(I_{\mathrm{E},\theta}) = \frac{\Delta v_{\mathrm{P}}}{v_{\mathrm{P}}}\left(1 + \sin^2\theta\right) + \frac{\Delta \rho}{\rho}\left(1 - 4K\sin^2\theta\right) - \frac{\Delta v_{\mathrm{S}}}{v_{\mathrm{S}}}8K\sin^2\theta + \frac{\Delta v_{\mathrm{P}}}{v_{\mathrm{P}}}\sin^2\theta\tan^2\theta \tag{5.5}$$

由于 $\sin^2\theta\tan^2\theta = \tan^2\theta - \sin^2\theta$, 则有

$$\Delta \ln(I_{\mathrm{E},\theta}) = \left(1 + \tan^2\theta\right)\Delta \ln(v_{\mathrm{P}}) - 8K\sin^2\theta\Delta\ln(v_{\mathrm{S}}) + \left(1 - 4K\sin^2\theta\right)\Delta\ln(\rho) \tag{5.6}$$

假定在小的空间范围内 K 为常数这个假设成立, 则有

$$\begin{aligned}\Delta \ln(I_{\mathrm{E},\theta}) &= \Delta \ln\left(v_{\mathrm{P}}^{1+\tan^2\theta}\right) - \Delta \ln\left(v_{\mathrm{S}}^{8K\sin^2\theta}\right) + \Delta \ln\left(\rho^{1-4K\sin^2\theta}\right) \\ &= \Delta \ln\left(v_{\mathrm{P}}^{1+\tan^2\theta} v_{\mathrm{S}}^{8K\sin^2\theta} \rho^{1-4K\sin^2\theta}\right)\end{aligned} \tag{5.7}$$

积分并取指数, 则有含有纵波速度、横波速度和密度的弹性波阻抗方程:

$$I_{\mathrm{E},\theta} = v_{\mathrm{P}}^{1+\tan^2\theta} v_{\mathrm{S}}^{-8K\sin^2\theta} \rho^{1-4K\sin^2\theta} \tag{5.8}$$

式中, θ——入射角, $(\circ)$;

　　v_{P}——纵波速度, m/s;

　　v_{S}——横波速度, m/s;

　　ρ—— 密度, g/cm^{-3}。

由式(5.8)可知, 弹性阻抗是声波阻抗的一个扩展, 在零入射角时, 弹性阻抗就是声波阻抗, 即 $I_{\mathrm{A}} = I_{\mathrm{E},0}$。

与垂直入射类似, 借助褶积模型也可将弹性阻抗与地震资料联系起来。对于角道集(与入射角有关)数据(假定无噪声), 其褶积模型为

$$S_\theta = \xi_\theta * w_\theta \tag{5.9}$$

式中, S_θ——角度地震道;

　　ξ_θ——角度反射系数, 可以通过测井资料(纵波速度、横波速度和密度), 由 Zoeppritz 方程的近似公式计算得到;

　　w_θ——角度子波, 通过角道集地震资料得到。

就像对反射系数进行积分而得到声波阻抗一样,利用角度反射系数同样可以计算出弹性阻抗。

Connolly 利用推导得出的弹性阻抗对墨西哥湾实际测井数据进行了计算,并用 30°入射角的弹性阻抗跟声波阻抗进行了交会分析(图5.1),认为含水砂岩与含气砂岩的弹性阻抗变化具有一定差异,即含气砂岩的弹性阻抗要小于含水砂岩的弹性阻抗。在对 Foinanven 油田的岩芯进行分析的基础上,Connolly 还作出了声波阻抗–含油饱和度、弹性阻抗–含油饱和度的变化曲线(图5.2),可以看出,弹性阻抗随含油饱和度的变化较为明显。进一步说明,弹性阻抗对含油异常更为敏感。

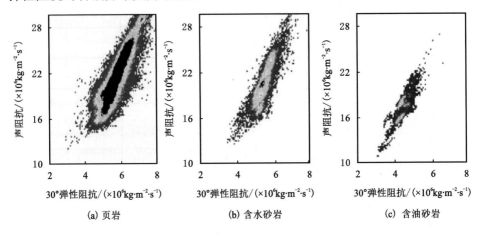

(a) 页岩　　　　　　　(b) 含水砂岩　　　　　　(c) 含油砂岩

图 5.1　30°弹性阻抗与声波阻抗交会图(Connolly, 1999)

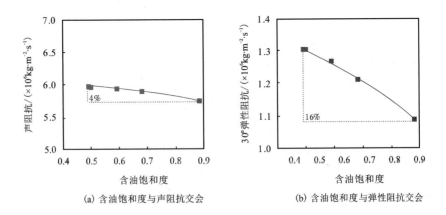

(a) 含油饱和度与声阻抗交会　　　　　(b) 含油饱和度与弹性阻抗交会

图 5.2　声波阻抗、弹性阻抗与含油饱和度的关系(Connolly, 1999)

5.1.2　横波弹性阻抗

Duffaut 等(2000)在 Connolly 研究的基础上,推导了转换横波弹性阻抗(shear-wave elastic impedance)公式。

在小入射角范围内,转换横波反射系数可以近似看作反射界面处纵波入射角的函数:

$$R_{PS,\theta_P} = -\frac{1}{2}\left[(1+2K)\frac{\Delta\rho}{\bar{\rho}} + 4K\frac{\Delta v_S}{\bar{v}_S}\right]\sin(\theta_P) +$$
$$K\left[\left(K+\frac{1}{2}\right)\left(\frac{\Delta\rho}{\bar{\rho}} + \frac{2\Delta v_S}{\bar{v}_S}\right) - \frac{K}{4}\frac{\Delta\rho}{\bar{\rho}}\right]\sin^3(\theta_P) \tag{5.10}$$

式中, θ_P——纵波入射角,(°);

$\Delta\rho/\bar{\rho}$——反射界面两侧的密度相对变化率,无因次;

$\Delta v_S/\bar{v}_S$——反射界面两侧的 P–PS 波速度相对变化率,无因次。

与纵波反射系数与声波阻抗的关系类似,同样,可以写出 P–S 波反射系数的公式:

$$R_{PS,-\theta_P} = -R_{PS,\theta_P} = -\frac{I_{SE2,\theta_P} - I_{SE1,\theta_P}}{I_{SE2,\theta_P} + I_{SE1,\theta_P}} \tag{5.11}$$

联立式(5.10)和式(5.11),得

$$I_{SE,\theta_P} = v_S^{m(K,\theta_P)}\rho^{n(K,\theta_P)} \tag{5.12}$$

式中, $m(K,\theta_P) = 4K\sin(\theta_P)\left[1 - \frac{1}{2}(1+2K)\sin^2(\theta_P)\right]$;

$n(K,\theta_P) = (1+2K)\sin(\theta_P)\left[1 - \frac{K(1+1.5K)}{(1+2K)}\sin^2(\theta_P)\right]$。

式(5.12)即为横波弹性阻抗方程,其中 K 为常数。

已有研究指出,如果 $\theta_P = 1/K$,则式(5.12)中的横波速度项等于 1,则只剩下密度项,这样就可以依据式(5.12)反演密度体。

5.1.3 转换波弹性阻抗

在 Connolly 的研究基础上,González 等(2003)提出了转换波弹性(P-to-S converted waves elastic impedance)的概念,并推导出了如下公式:

$$I_{PSE,\theta_P} = v_S^{c(K,\theta_P)}\rho^{d(K,\theta_P)} \tag{5.13}$$

式中, $c(K,\theta_P) = \frac{4K\sin\theta_P}{\sqrt{\frac{1}{K^2} - \sin^2\theta_P}}\left(\sin^2\theta_P - \cos\theta_P\sqrt{\frac{1}{K^2} - \sin^2\theta_P}\right)$;

$d(K,\theta_P) = \frac{K\sin\theta_P}{\sqrt{\frac{1}{K^2} - \sin^2\theta_P}}\left(2\sin^2\theta_P - \frac{1}{K^2} - 2\cos\theta_P\sqrt{\frac{1}{K^2} - \sin^2\theta_P}\right)$。

利用式(5.13),González 等在针对储层微含气与含工业气流的区域分布预测中取得了较好的效果。图5.3为不同流体性质条件下近角转换波弹性阻抗与

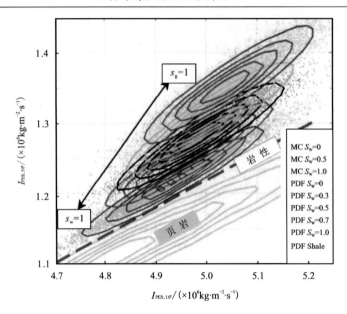

图 5.3　近角转换波弹性阻抗与远角转换波弹性阻抗交会图（González, et al., 2003）

远角转换波弹性阻抗交会图，表明在交会图上能够将储层段含气与储层段含水区分开来。

5.1.4　扩展弹性阻抗

　　受 AVO 效应的影响，利用式(5.8)计算的弹性阻抗会随入射角发生剧烈变化，这可能会掩盖远、近角弹性阻抗值包含的某些信息，如孔隙流体或岩性变化差异等。为了消除这种影响，Whitcombe(2002)对方程(5.2)进行了归一化处理，得到新的弹性阻抗表达式：

$$I_{E,\theta} = \overline{v_P}\,\overline{v_S}\left[\left(\frac{v_{P,i}}{\overline{v_P}}\right)^a\left(\frac{v_{S,i}}{\overline{v_S}}\right)^b\left(\frac{\rho_i}{\overline{\rho}}\right)^c\right] \tag{5.14}$$

式中，$\overline{v_P}$——纵波速度的平均值，m/s；

　　　　$\overline{v_S}$——横波速度的平均值，m/s；

　　　　$\overline{\rho}$——密度的平均值，g/cm^3；

　　　　$v_{P,i}$——各深度点的纵波速度，m/s；

　　　　$v_{S,i}$——各深度点的横波速度，m/s；

　　　　ρ_i——各深度点的密度，g/cm^3；

　　　　a,b,c——系数，无因次。

　　利用式(5.14)计算弹性阻抗，就可以消除阻抗值随入射角急剧变化的趋势。这时如果存在变化异常，就可以认为这种变化是由岩性差异或所含流体性质不同引起的。归一化的弹性阻抗值与叠后声波阻抗值在一个数量级内，这样更利于解释人员对比分析。

入射角较小时($\theta < 30°$),式(5.1)的右边可以只取前两项,则有

$$R_\theta = A + B\sin^2\theta \tag{5.15}$$

此时,由于 $\tan^2\theta \approx \sin^2\theta$,对应的反射系数 R_θ 可能出现大于 1 的情况,这与实际不符。为此,Whitcombe 等(2002)再次对方程做出修正,以 $\tan\chi$ 代替 $\sin^2\theta$:

$$R(\chi) = A + B\tan\chi = (A\cos\chi + B\sin\chi)/\cos\chi \tag{5.16}$$

再对反射系数乘以一个因子 $\cos\chi$,得

$$R_s(\chi) = R(\chi)\cos\chi = A\cos\chi + \sin\chi \tag{5.17}$$

最后,得到如下被称为扩展弹性阻抗(extended elastic impedance)的表达式:

$$I_{\mathrm{EE},\theta} = \overline{v_{\mathrm{P}}}\,\overline{v_{\mathrm{S}}}\left[\left(\frac{v_{\mathrm{P,i}}}{\overline{v_{\mathrm{P}}}}\right)^p\left(\frac{v_{\mathrm{S,i}}}{\overline{v_{\mathrm{S}}}}\right)^q\left(\frac{\rho_i}{\overline{\rho}}\right)^r\right] \tag{5.18}$$

式中,$p = \cos\chi + \sin\chi$;

$q = -8K\sin\chi$;

$r = \cos\chi - 4K\sin\chi$。

扩展弹性阻抗使得入射角变化范围可以扩展到理论上的任意方向,即:$-90° \sim 90°$。

相对最初定义的弹性阻抗定义(式(5.8)),扩展弹性阻抗有以下优点:

(1)反射系数被归一化到[-1, 1];

(2)入射角变化范围可扩展到理论上的任意方向,即 $-90° \sim 90°$;

(3)消除了入射角对弹性阻抗变化的影响;

(4)不会影响计算精度。

5.2　纵波阻抗和横波阻抗的重构方法

自弹性阻抗概念提出以来,目前主要采用不同角度的弹性阻抗交会来分析可能的流体分布或岩性分布,是一种经验公式或表象的分析方法。

由于岩性变化或孔隙流体变化势必引起岩层纵波速度、横波速度和密度的变化,反之就可以通过其速度和密度变化研究孔隙流体或岩性分布,但需要预先知道各种条件下的岩石物理参数特征等先验信息,因此,通过叠前反演求解不同入射角的弹性阻抗不是最终目的,而是利用多个角度的弹性阻抗求得纵波速度、横波速度和密度的空间分布,进而进行岩性和流体判别。

5.2.1　重构方法一

由弹性阻抗定义（式5.8），可得

$$\ln\left(I_{E,\theta}\right) = \left(1+\tan^2\theta\right)\ln\left(v_P\right)+\left(-8K\sin^2\theta\right)\ln\left(v_S\right)+\left(1-4K\sin^2\theta\right)\ln\left(\rho\right) \tag{5.19}$$

为了估算纵波速度、横波速度和密度，此种算法最少需要 3 个相互独立的角道数据，Mallick 等认为，利用合成数据可以精确恢复这 3 个变量，但其前提条件是横、纵波速度比已知，且为 0.25（Cambois，2000；Mallick，2001）。

5.2.2　重构方法二

在角度较小时，$\sin^2\theta \approx \tan^2\theta$。在此假设下，式（5.19）可以写成：

$$\ln\left(I_{E,\theta}\right) = \left(1+\sin^2\theta\right)\ln\left(v_P\right)-\left(8K\sin^2\theta\right)\ln\left(v_S\right)+\left(1-4K\sin^2\theta\right)\ln\left(\rho\right) \tag{5.20}$$

但在入射角较小时，式（5.20）中横波项的系数近于 0（图5.4）。此时，即使在输入的弹性阻抗数据中没有噪声，算法也极不稳定，造成反演得到的横波阻抗与实际值相去甚远（Lu, et al., 2004）。

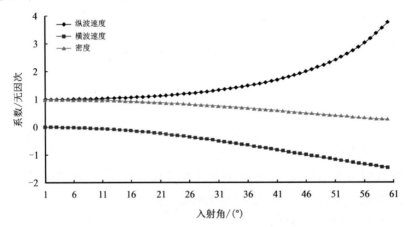

图 5.4　弹性阻抗方程中各项系数随入射角变化图

Cambois 和 Mallick 假定 $K = 0.25$（Cambois，2000；Mallick，2001），则有

$$\ln\left(I_{E,\theta}\right) \approx \ln\left(\rho v_P\right)+\left[\ln\left(\rho v_P\right)-2\ln\left(\rho v_S\right)\right]\sin^2\theta \tag{5.21}$$

但假设条件 $K = 0.25$ 对大部分地区都不合适，为此构建经验公式（Lu, et al., 2004）：

$$4K\sin^2\theta\ln\left(\rho\right) \approx \sin^2\theta\ln\left(\rho\right)-6K\left(0.25-K\right)\left(\frac{1}{aK}-\frac{K}{b}\right)\sin^2\theta \tag{5.22}$$

式中，$K < 0.25$ 时，$a = 8.0$，$b = 0.5$；$K \geqslant 0.25$ 时，$a = 3.0$，$b = 3.0$。

为了得到横波阻抗和纵波阻抗，需要两个入射角的弹性阻抗数据体。

5.2.3 重构方法三

如果已知纵波阻抗,只需要一个非零入射角的弹性阻抗数据体,就可以估算横波阻抗,其计算公式为

$$\ln\left(\rho v_{\mathrm{S}}\right) \approx \frac{\left(1 + \sin^2\theta\right) \ln\left(\rho v_{\mathrm{P}}\right) - \ln\left(I_{\mathrm{E},\theta}\right)}{8K\sin^2\theta} - \frac{3}{4}\left(0.25 - K\right)\left(\frac{1}{aK} - \frac{K}{b}\right) \tag{5.23}$$

式中, a, b 的取值区间与式(5.22)相同。

上述重构方法二和重构方法三都利用了小角度近似,即 $\sin^2\theta \approx \tan^2\theta$,但此假设只在 $\theta < 20°$ 时成立,随着角度增大,两者间差异越大(图5.5);同时,横纵波速度比难以预先确定,而且其取值区间也是空间变化的。

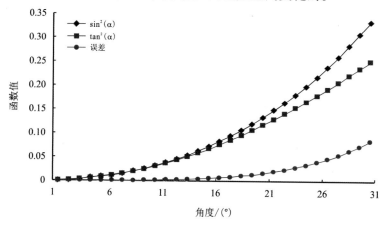

图 5.5　三角函数差异图

5.2.4 改进的重构算法

通过以上分析可知,目前各种重构方法的前提假设都存在这样或那样的问题,这就需要对其进行改进,使其更趋于合理。前已述及,在入射角较小时,弹性阻抗方程(5.19)中横波项的系数近于零,此时忽略横波,就可以得到相对稳定的纵波速度和密度:

$$\ln\left(I_{\mathrm{E},\theta=0}\right) = \ln\left(v_{\mathrm{P}}\right) + \ln\left(\rho\right) \tag{5.24}$$

则式(5.19)变为

$$\ln\left(I_{\mathrm{E},\theta}\right) = A + \left(-8K\sin^2\theta\right)\ln\left(v_{\mathrm{S}}\right) + \left(-4K\sin^2\theta\right)\ln\left(\rho\right) \tag{5.25}$$

式中, $A = \left(1 + \tan^2\theta\right)\ln\left(v_{\mathrm{P}}\right) + \ln\left(\rho\right)$,为已知项。

由于系数 K 与纵波和横波的速度有关,式(5.25)为一元非齐次方程,难以直接求解,但可以通过迭代法进行逐步逼近,并以式(5.24)做为约束条件,进而得到横波速度,具体流程见图5.6。

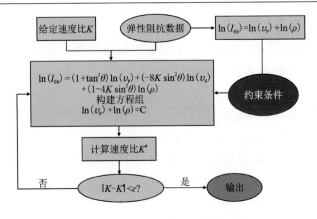

图 5.6 岩石物理参数重构流程图

5.3 理论模型测试

为研究复杂地质构造成像, Gary 等于 2002 年设计了 Marmousi2 模型, 由于其概括了众多地质现象, 而被广泛应用于弹性波正反演、岩性识别、流体判别和复杂构造成像等领域, 其纵横波速度比为 $1.29\sim5.33$(图5.7)。利用式(5.8)分别得到真实速度比和假设速度比为 2 的弹性阻抗数据体, 结果表明, 随着入射角的增大, 其弹性阻抗的误差也随之增大(图5.8~图5.11)。

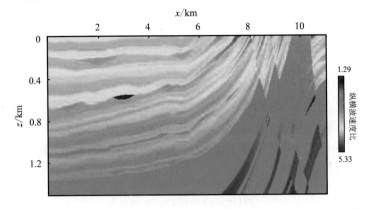

图 5.7 Marmousi2 模型的纵横波速度比

利用构建的弹性阻抗数据体进行重构, 结果表明, 构建和重构都采用速度比为 2 这一假设时, 需要至少一个入射角超过 30° 的弹性阻抗数据体才可以准确地进行重构(图5.12~图5.17); 采用真实速度比的弹性阻抗数据进行重构时, 常规算法不能得到稳定、准确的横波速度(图5.18), 但可以得到稳定、准确的纵波速度和密度(图5.19, 图5.20); 采用改进算法不仅可以得到稳定、准确的纵波速度和密度, 还可以得到稳定、准确的横波速度(图5.21)。

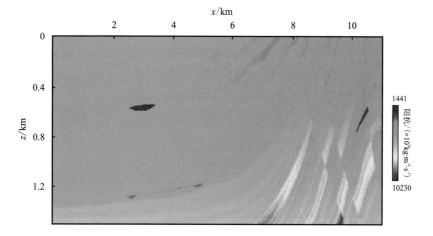

图 5.8　Marmousi2 模型的弹性阻抗(真实速度比,入射角为 6°)

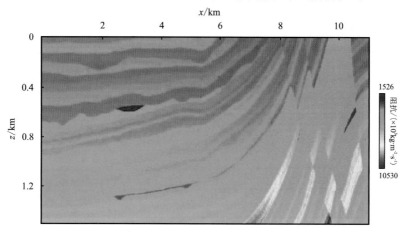

图 5.9　Marmousi2 模型的弹性阻抗(速度比为 2,入射角为 6°)

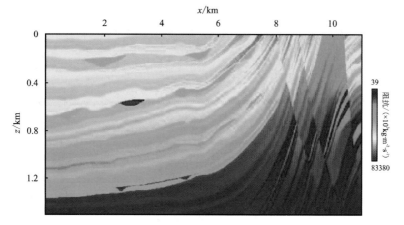

图 5.10　Marmousi2 模型的弹性阻抗(真实速度比,入射角为 36°)

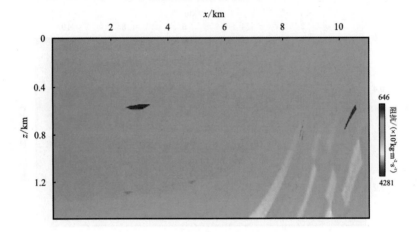

图 5.11　Marmousi2 模型的弹性阻抗（速度比为 2，入射角为 36°）

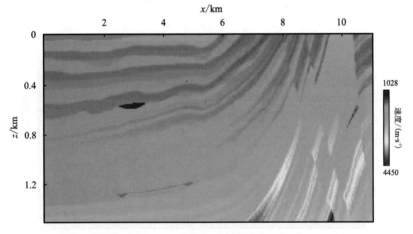

图 5.12　重构的纵波速度（构建和重构均假设 $K = 0.25$）

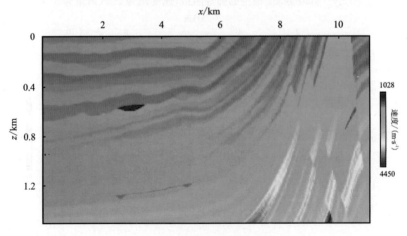

图 5.13　Marmousi2 模型的纵波速度

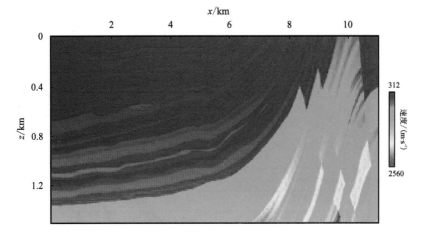

图 5.14　重构的横波速度（构建和重构均假设 $K = 0.25$）

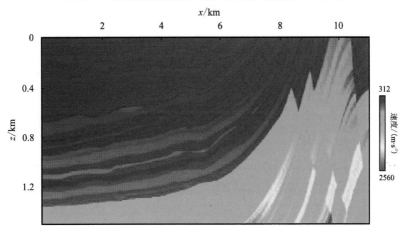

图 5.15　Marmousi2 模型的横波速度

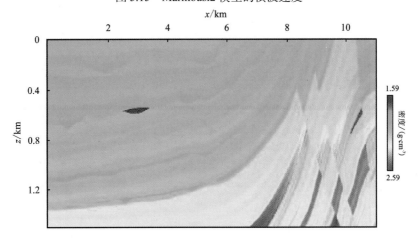

图 5.16　重构的密度（构建和重构均假设 $K = 0.25$）

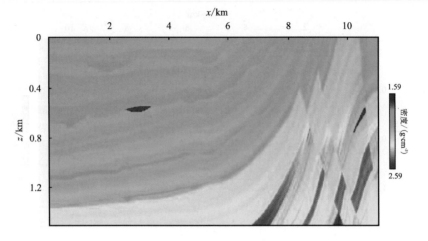

图 5.17   Marmousi2 模型的密度

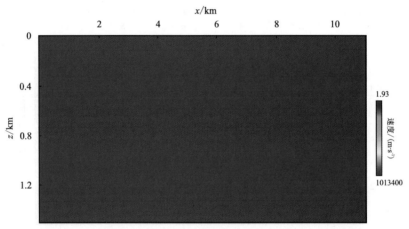

图 5.18   构建阻抗数据无假设, 假设 $K = 0.25$ 时的横波速度重构结果

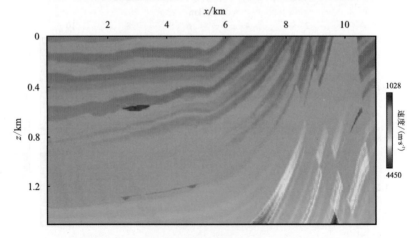

图 5.19   纵波速度重构结果(构建阻抗数据无假设, 重构时假设 $K = 0.25$)

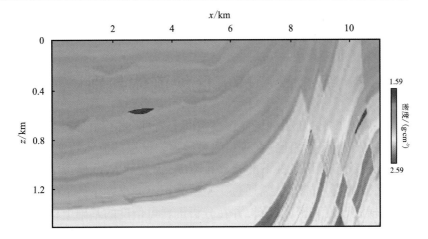

图 5.20　密度重构结果(构建阻抗数据无假设,重构时假设 $K = 0.25$)

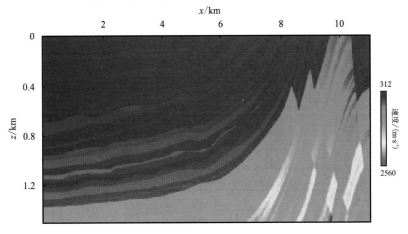

图 5.21　构建和重构均无速度比假设,采用改进算法得到的横波速度

5.4　小　　结

在分析目前广泛应用的重构算法假设基础上,研究了不依赖速度比假设的纵波速度、横波速度和密度重构算法,Marmousi2 模型的测试结果表明,改进算法可以对各项参数进行准确重构,但要求最大入射角超过 $30°$。

第6章 苏五区块流体判别

受沉积环境影响,陆相砂岩储层在空间上岩性、岩石组分差异较大。和常规的海相砂岩气水识别相比,在进行致密碎屑岩储层的流体判别时,首先需要通过薄片分析确定覆压条件下的有效孔隙度,为后续 AVO 模拟中流体替换提供准确的孔隙度资料;其次,需通过实验室分析不同丰度条件下的含气砂岩的纵波速度、横波速度和密度资料,并在分析资料可信度的基础上构建流体判别因子;在上述两项工作基础上,通过 AVO 正演模拟,研究不同饱和度条件下的 AVO 响应特征;利用多角度弹性阻抗数据体重构纵波速度、横波速度和密度,并通过属性交会确定含气区域;综合叠后属性分析、AVO 属性分析和交会分析结果最终预测孔隙流体的分布特征。具体研究流程见图6.1。

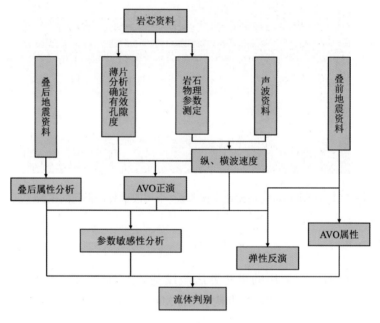

图 6.1 工作流程图

6.1 理论模型分析

利用第 3 章得到的盒 8 段储层岩石物理参数,结合目前苏里格气田盒 8 段储层地质特征及测井资料,取含气砂岩段的平均厚度为 10 m,构建符合本区实际地质情况的地球物理模型(图6.2),并进行各种条件下的 AVO 正演分析。模型基本参数为:围岩段,纵波速度 4 500 m/s,横波速度 2 650 m/s,密度 2.65 g/cm^3;含气砂岩段,纵波速度 4 200 m/s,横波速度 2 750 m/s,密度 2.50 g/cm^3。就地球物理模型而言,其顶界反射系数为正,在正极性剖面上表现为波峰;底界反射系数为负,在正极性剖面上表现为波谷。

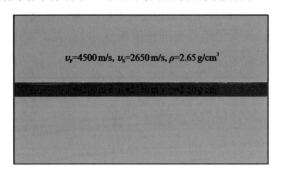

图 6.2 含气砂岩段地球物理模型

6.1.1 零相位 Ricker 子波

在各种相位的子波中,零相位子波具有最高的分辨率,本次研究取地震子波主频 25~120 Hz,采用 Aki-Richard 近似公式计算。正演结果(图6.3)表明:

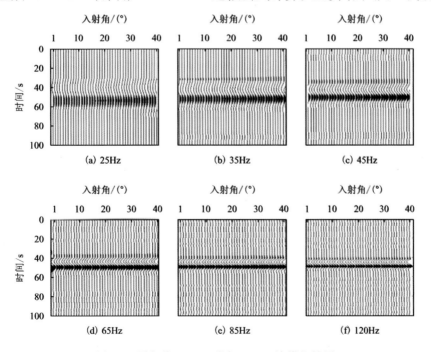

图 6.3 零相位 Ricker 子波 AVO 正演模拟结果

在上覆介质均匀情况下,波谷代表含气砂岩段顶界,波峰为子波旁瓣和主峰的叠加结果,并不能代表含气砂岩段底界。

分析反射系数和地震波振幅随入射角的变化关系,可以得出以下结论:① 对于砂岩顶界反射(图6.4),无论子波主频如何变化,地震波振幅随入射角的变化关系与理论计算值的变化趋势基本相同,但只有在主频为 40 Hz 左右时,地震波振幅与理论计算值才最接近;② 对于砂岩底界反射(图6.5),在地震子波主频小于 65 Hz 时,其变化趋势与理论值相反,只有大于 65 Hz 时,其变化趋势与理论值才相同,但其数值却相差较大。

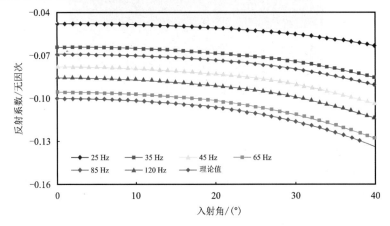

图 6.4　砂岩顶界地震波振幅与理论反射系数的关系(零相位 Ricker 子波)

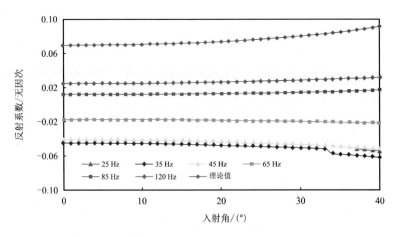

图 6.5　砂岩底界地震波振幅与理论反射的系数关系(零相位 Ricker 子波)

6.1.2　最小相位 Ricker 子波

实际地震子波是接近最小相位的混合相位子波,与零相位模拟方法相同,取地震子波主频 25~120 Hz,采用 Aki-Richard 近似公式计算。正演结果(图6.6)表明:在上覆介质均匀情况下,波谷代表含气砂岩段顶界,波峰为子波旁瓣和主峰的叠加结果,并不能代表含气砂岩段底界。

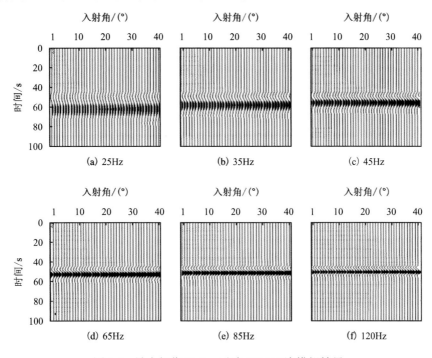

图 6.6 最小相位 Ricker 子波 AVO 正演模拟结果

由反射系数和地震波振幅随入射角的变化关系,可以得出以下结论:① 对于砂岩顶界反射(图6.7),无论子波主频如何变化,地震波振幅与理论反射系数随入射角的变化关系的趋势基本相同,但只有主频达到或超过 45 Hz 时,其数值才基本相同; ② 对于砂岩底界反射(图6.8),在地震子波主频小于 45 Hz 时,

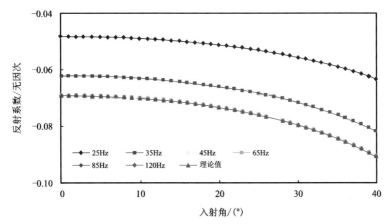

图 6.7 砂岩顶界地震波振幅与理论反射系数的关系(最小相位 Ricker 子波)

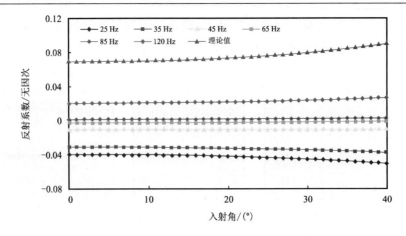

图 6.8 砂岩底界地震波振幅与理论反射系数的关系(最小相位 Ricker 子波)

其变化趋势与理论值相反,只有大于 65 Hz 时,其变化趋势与理论值才相同,但其数值却相差较大。

6.1.3 统计子波

利用井旁实际地震资料,在目的层段提取统计子波(图6.9),表明实际子波的有效频带较窄,为 0~50 Hz,主频较低,在 25 Hz 左右。结合研究区实际情况,取含气砂岩段厚度 5~40 m,采用 Aki-Richard 近似公式计算。正演结果(图6.10)表明:在上覆介质均匀时,波谷代表含气砂岩段顶界,波峰为子波旁瓣和主峰叠加的结果,并不能完全代表含气砂岩段底界。

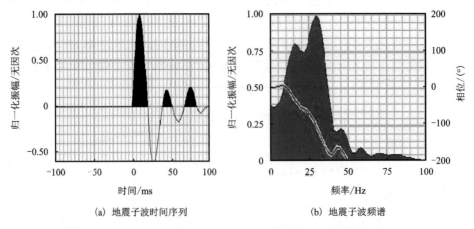

(a) 地震子波时间序列 (b) 地震子波频谱

图 6.9 统计子波

根据反射系数和地震波振幅随入射角的变化关系,可以得出以下结论:① 对于砂岩顶界反射(图6.11),无论子波主频如何变化,地震波振幅与理论反射系数随入射角的变化关系的趋势基本相同,但只有其厚度达到 20 m 以上

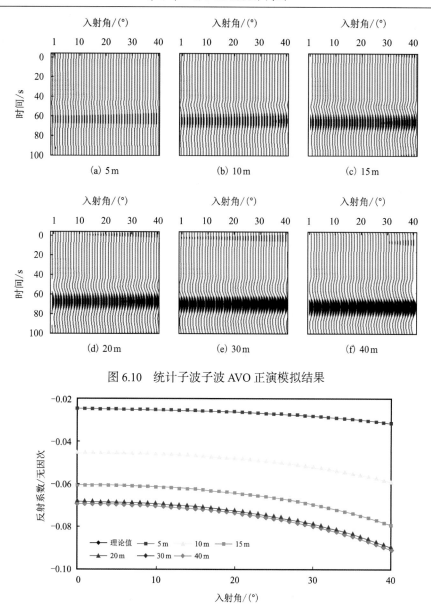

图 6.10　统计子波子波 AVO 正演模拟结果

图 6.11　砂岩顶底界地震波振幅与理论反射系数的关系(统计子波)

时,其数值才非常接近;② 对于砂岩底界反射(图6.12),厚度小于 10 m 时,其变化趋势与理论值相反,而厚度大于 15 m 时,其变化趋势与理论值才相同,但数值却相差较大,只有其厚度在 25 m 左右时,其数值才相当接近。

由此可以得出结论:理想地质、现有地震资料垂向分辨率条件下,可以通过 AVO 分析研究砂岩顶界面的含流体情况;由于波的干涉作用,只有储层厚度大于等于 20 m 时,底界才有 AVO 分析条件。

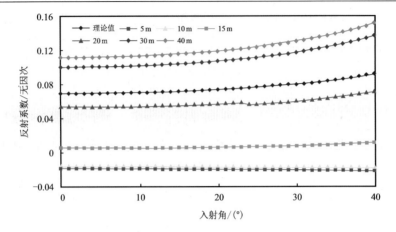

图 6.12　砂岩底界地震波振幅与理论反射系数的关系(统计子波)

6.1.4 流体替换

流体判别研究的基础就是孔隙流体变化对地球物理响应特征的影响,这就需要预先了解孔隙中流体及其饱和度的变化对纵波速度、横波速度和密度的影响,在没有实验室测定结果时,就需要通过一定的理论公式来推算各种条件下的纵波速度、横波速度和密度变化特征,而 Gassmann 理论较好地描述了这种关系。

1. Gassmann 理论

Gassmann 方程(Gassmann, 1951)将饱含流体岩石的体积模量和其孔隙度、岩石骨架的体积模量、基质矿物组分的体积模量、充填孔隙的流体的体积模量通过以下方程有机地联系起来:

$$K_{sat} = K^* + \left(1 - \frac{K^*}{K_o}\right)^2 \bigg/ \left(\frac{\phi}{K_f} + \frac{1 - \phi}{K_o} + \frac{K^*}{K_o^2}\right) \tag{6.1}$$

式中, K_{sat}——饱含流体岩石的体积模量,MPa;

K_o——基质矿物组分的体积模量,MPa;

K_f——孔隙流体的体积模量,MPa;

K^*——岩石骨架的体积模量,MPa;

ϕ——岩石的孔隙度,无因次。

Gassmann 方程基于以下假设:①岩石均匀且各向同性,且孔隙是完全互相联通的;②孔隙压力保持恒定。

各向同性岩石的体积模量定义为其体应变和静水压力之比,通过以下方程可将其与岩石的纵波速度、横波速度和密度联系起来:

$$K = \rho_B \left(v_P^2 - \frac{4}{3} v_S^2\right) \tag{6.2}$$

式中，ρ_B——岩石的体密度，g/cm³；

　　　v_P——岩石的纵波速度，m/s；

　　　v_S——岩石的横波速度，m/s。

　　岩石的剪切模量(或抗剪强度)为其剪切应变与剪切应力之比，只与岩石骨架有关，与充填孔隙的流体性质无关(Berryman，1999)，其与岩石的横波速度和密度的关系为

$$G = \rho_B v_S^2 \tag{6.3}$$

　　描述岩石孔隙度关系的方程为(Smith，et al.，2003)

$$\rho_B = \rho_R (1 - \phi) + \rho_f \tag{6.4}$$

式中，ρ_R——岩石基质的体密度，g/cm³；

　　　ρ_f——孔隙流体的密度，g/cm³。

　　对油气勘探而言，岩石孔隙中的流体可以认为是由水和碳氢化合物(石油、天然气)两种物质组成，则有

$$K_f = \left(\frac{S_w}{K_w} + \frac{1 - S_w}{K_{hc}}\right)^{-1} \tag{6.5}$$

$$\rho_f = S_w + (1 - S_w)\rho_{hc} \tag{6.6}$$

式中，K_f——孔隙充填流体的体积模量，MPa；

　　　K_w——水的体积模量，MPa；

　　　K_{hc}——碳氢化合物的体积模量，MPa；

　　　ρ_{hc}——碳氢化合物的密度，g/cm³；

　　　S_w——油气饱和度，无因次。

2. 流体替换分析

　　根据试油、测试结果，目前各井含水饱和度基本在 40%~60%，没有饱含气和干层井，因此，可以将前述的含气砂岩段参数认为是含水饱和度为 50% 时的特征值，而干砂岩的体积模量目前只能根据文献取标准砂岩的参数值。应用这些参数分别模拟砂岩厚度为 5 m、10 m、20 m、50 m 时不同含水饱和度的角道集记录，拾取顶界反射振幅值，分析其振幅随入射角的变化关系，结果表明：由于波的干涉作用，层厚 5 m 时，饱含水与饱含气时反射系数随入射角的变化关系基本相同(图6.13)；随着厚度不断增大，干涉作用减弱，其变化特征出现差异(图6.14)；当厚度达到 20 m 以上时其斜率则完全相反(图6.15，图6.16)。

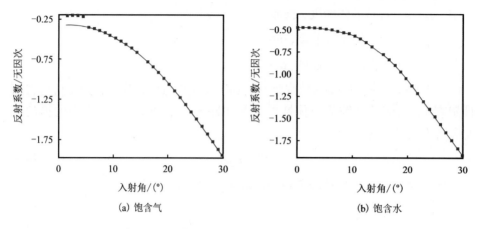

（a）饱含气　　　　　　　　　　　（b）饱含水

图 6.13　层厚 5 m 时，振幅随入射角的变化关系

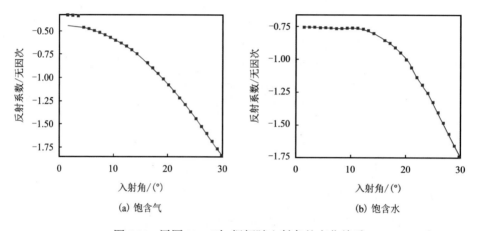

（a）饱含气　　　　　　　　　　　（b）饱含水

图 6.14　层厚 10 m 时，振幅随入射角的变化关系

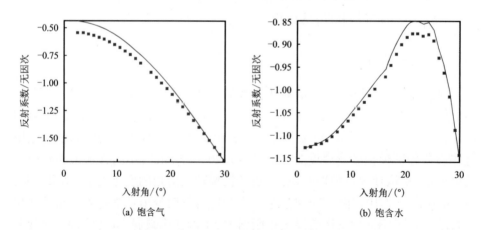

（a）饱含气　　　　　　　　　　　（b）饱含水

图 6.15　层厚 20 m 时，振幅随入射角的变化关系

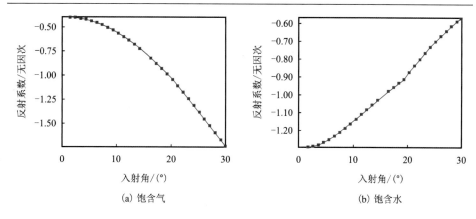

图 6.16　层厚 50 m 时,振幅随入射角的变化关系

研究振幅随偏移距(入射角)变化关系的目的是进行孔隙流体的判别,单一属性分析结果具有多解性,目前,PG 属性研究的有效手段为交会图分析。理论模型 AVO 模拟结果的属性交会分析表明,无论顶界反射(图6.17)还是底

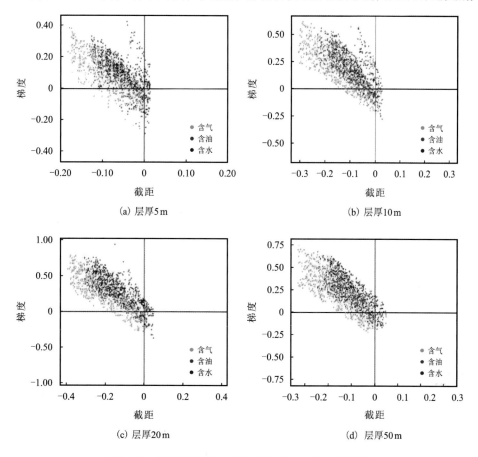

图 6.17　不同厚度条件下砂岩顶界 PG 交会分析图

界反射(图6.18),当砂体单层厚度小于10 m时,砂体含油、含气、含水的响应在交会图上几乎完全交织在一起,无法进行有效区分;只有单层厚度超过10 m后,砂体含油、含气、含水的响应才能部分分开,即地层厚度小于10 m前,波的干涉作用强于AVO效应。

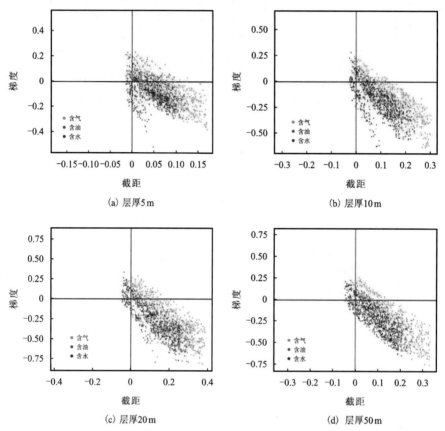

图 6.18　不同厚度条件下砂岩底界 PG 交会分析图

6.1.5　实际资料正演

　　利用实际的全波列测井资料,采用25 Hz最小相位 Ricker 子波对盒8段储层进行 AVO 正演模拟,同样使用 Aki-Richard 近似公式计算,结果(图6.19)表明,整个盒8段地震波表现为1~2个波形,含气砂岩段的顶界反射和底界反射很难在地震记录上准确标定;合成地震记录标定结果(图6.20)也表明,在实际地震剖面上可以进行对比追踪的为盒8段的顶界反射和底界反射,其内幕为波谷。现有技术条件下,只能将此波谷解释为含气砂岩的顶界。

　　研究区内 su5-12-31 为典型气井,其盒8上段3 300~3 312 m、盒8下段3 332~3 342 m 两个砂岩段产气10.46×10⁴ m³/d,无水,总厚度20 m;su5-10-27

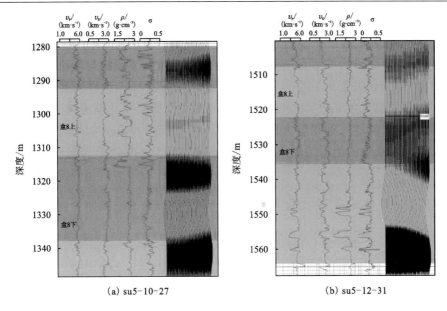

(a) su5-10-27　　　　　　　　　(b) su5-12-31

图 6.19　AVO 正演模拟结果

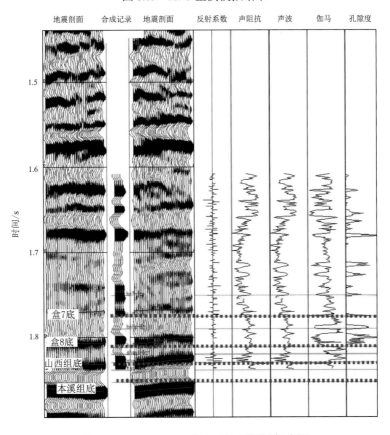

图 6.20　su5-16-30 井合成地震记录标定图

为产水井,其盒 8 下段 3 288~3 296 m、3 298~3 304 m 两个砂岩段测试产水。由反射系数和地震波振幅随入射角的变化关系,可以得出以下结论:虽然地震反射波振幅受砂岩底界影响失真,其砂岩顶界地震波振幅与理论反射系数随入射角的变化关系的趋势是相同的(图6.21,图6.22),无论砂岩孔隙流体性质如何,其垂直入射条件下的反射系数均为负值,如果其孔隙流体为水,其反射系数的绝对值随入射角增大而减小,属于 IV 类砂岩响应;如果其孔隙流体为气,其反射系数的绝对值随入射角增大而增大,属于 III 类砂岩响应。

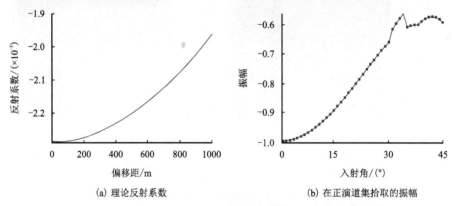

(a) 理论反射系数　　　　　　　(b) 在正演道集拾取的振幅

图 6.21　su5-10-27 井盒 8 段含水砂岩段顶界 AVO 响应

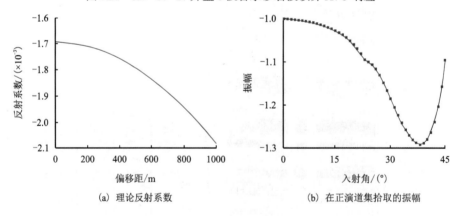

(a) 理论反射系数　　　　　　　(b) 在正演道集拾取的振幅

图 6.22　su5-12-31 井盒 8 段含气砂岩段顶界 AVO 响应

6.2　地球物理模型响应

常规 AVO 模型正演一般不考虑地层厚度,即只研究砂岩顶界面的响应特征,由于海相砂岩沉积环境稳定,且一般都较厚(大于 1/4 地震波长),此时这种分析方法是合理的;而陆相,特别是河流相碎屑岩储层多为砂、泥岩交错沉积,且单层厚度薄,波的干涉作用强,常规模型分析方法难以得到理想效果。

　　针对此种情况,结合苏里格气田实际地质特征,设计模型主要参数如下:石千峰组、盒 8 段、山西组纵波速度 4 500 m/s,盒 1 段—盒 7 段及煤层速度为 4 000 m/s,碳酸盐岩为 5 000 m/s,盒 8 段地层总厚约 80 m。以此为基础,根据含气层位差异,按从简到繁原则,设计以下模型研究各条件的地球物理响应特征,储层段单层厚度为 0~20 m,含气时纵波速度 4 300 m/s,含水时纵波速度 4 400 m/s,其横波速度根据本区测得的纵横波速度比计算得到。

　　为了较准确地描述地震波的响应特征,正演模拟采用高阶弹性波正演方法,激发子波选用零相位 Ricker 子波(零相位子波分辨率最高,且通常认为最终成果剖面为零相位),主频取 25 Hz(本区资料主频)和 65 Hz 两种。

　　对于本区目的层盒 8 段而言,其顶界反射系数为正,在正极性剖面上表现为波峰;底界反射系数为负,在正极性剖面上表现为波谷。

6.2.1 顶部含气模型

　　含气砂岩模型见图6.23,气层位于盒 8 段顶部,弹性波正演的纵波自激自收结果表明:无论子波主频高低,含气砂岩段在剖面上均表现为暗点,而砂岩段含水时表现为平点。

6.2.2 底部含气模型

　　含气砂岩模型见图6.24,气层位于盒 8 段底部,弹性波正演的纵波自激自收结果表明:在子波主频为 25 Hz 的情况下,砂岩段含气时在剖面上表现为能量增强,而砂岩段含水时表现为能量减弱;在子波主频为 65 Hz 的情况下,无论含气还是含水,能量均减弱,但含水时减弱的幅度较低。

6.2.3 中部含气模型

　　含气砂岩模型见图6.25,气层位于盒 8 段中部,弹性波正演的纵波自激自收结果表明:在子波主频为 25 Hz 的情况下,砂岩段含气时,盒 8 段顶、底在剖面上均表现为亮点,而砂岩段含水时表现为平点;在子波主频为 65 Hz 的情况下,砂岩段含气时,盒 8 段顶、底在剖面上均表现为平点,内幕有反射,而砂岩段含水时表现为平点,内幕无反射。

6.2.4 多段含气模型

　　含气砂岩模型见图6.26,气层交错位于盒 8 段内部,弹性波正演的纵波自激自收结果表明:在子波主频为 25 Hz 的情况下,砂岩段含气时,盒 8 段顶界在剖面上表现为亮点,底界在剖面上表现为暗点,且出现层间反射,而砂岩段含水时,顶界面和底界面的反射振幅几乎无变化;在子波主频为 65 Hz 的情况下,砂岩段含气时,盒 8 段顶界反射略有增强,底界表现为平点,亦出现层间反射,而砂岩段含水时,顶界面和底界面的反射振幅也几乎没有变化。

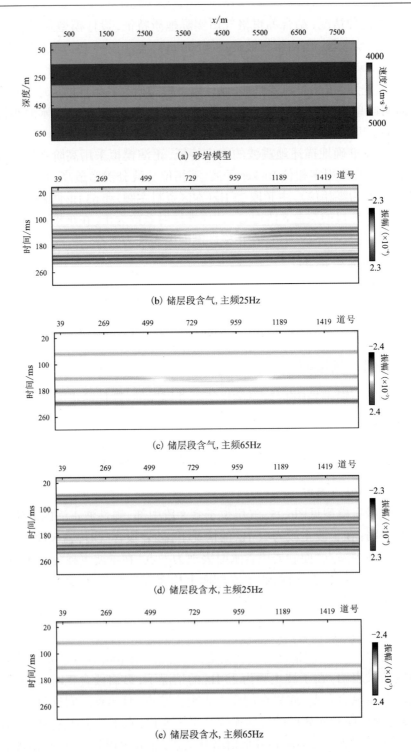

图 6.23　顶部含气砂岩模型自激自收响应

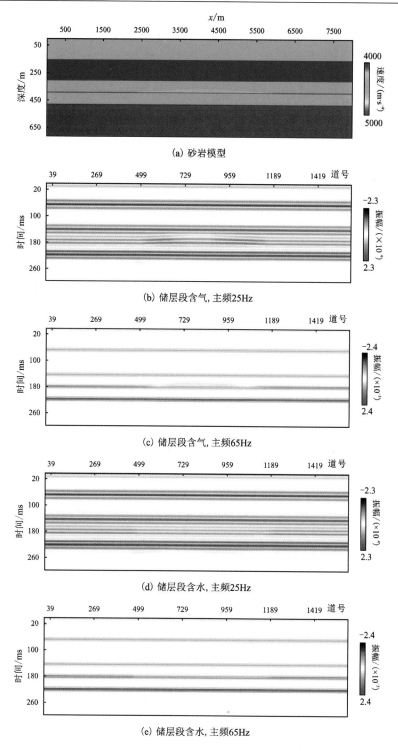

图 6.24　底部含气砂岩模型自激自收响应

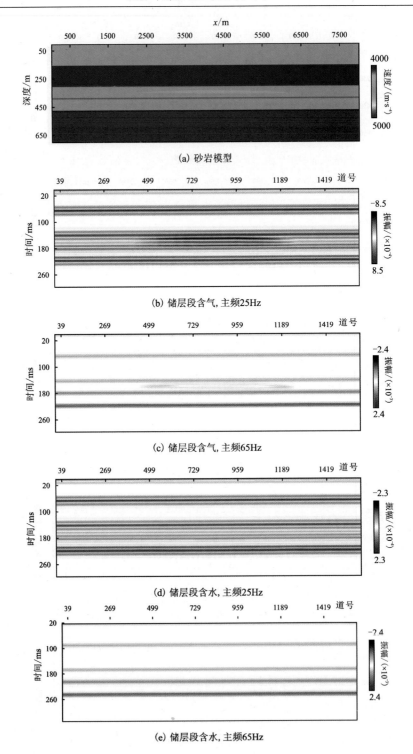

图 6.25 中部含气砂岩模型自激自收响应

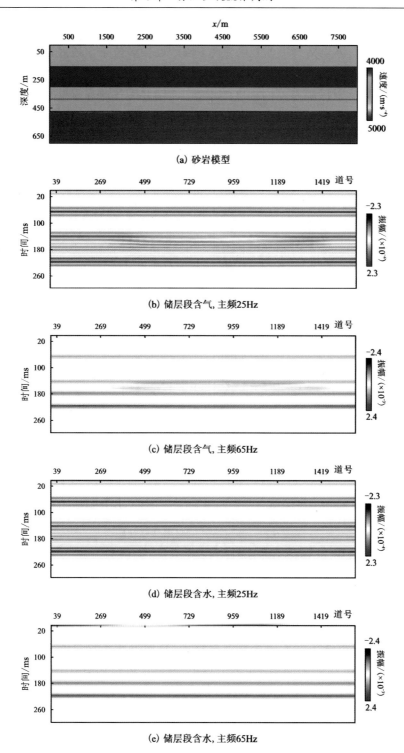

(a) 砂岩模型

(b) 储层段含气, 主频25Hz

(c) 储层段含气, 主频65Hz

(d) 储层段含水, 主频25Hz

(e) 储层段含水, 主频65Hz

图 6.26　中部多段含气砂岩模型自激自收响应

6.2.5 实际资料分析

截至目前,苏里格气田苏五区块盒8段产层段多位于该段底部(图6.27(a)),另有少量井在中部产气(图6.27(b)),井旁地震道分析表明(图6.28),在产气区域,盒8底界反射振幅有不同程度的增强,而钻井无气测显示区域其振幅相对较弱,与地球物理模型的自激自收正演结果非常吻合。

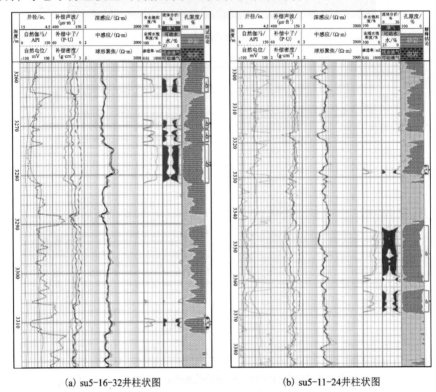

(a) su5-16-32井柱状图　　　　　　(b) su5-11-24井柱状图

图 6.27　苏里格气田典型井柱状图

6.3　苏五三维流体判别分析

所用实际资料为 2008 年度苏里格苏五区块 5 块三维联片处理之一部分(图6.29),由于各年度采集参数差异较大,且研究的主要目的是验证方法的适用性,参考钻井和试油结果,从中选取 96 km² 进行研究(图中红色标注区域),区中钻井揭示各种孔隙流体均有分布。

6.3.1 资料品质分析

2004 年苏五中南部三维覆盖次数 120~150,最大偏移距 6 100 m,井深 20 m;2006 年苏五中北部三维最大覆盖次数为 64,最大偏移距 4 800 m,两块三

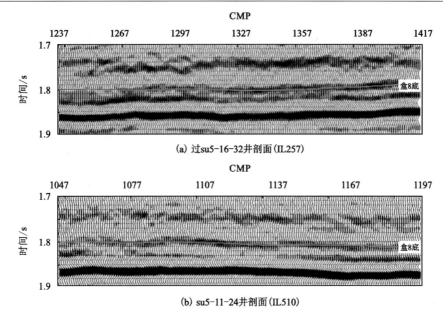

(a) 过su5-16-32井剖面(IL257)

(b) su5-11-24井剖面(IL510)

图 6.28　苏里格气田典型井的井旁地震道分析

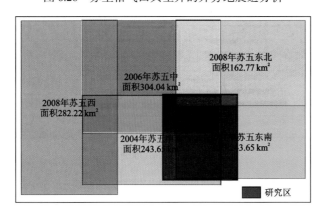

图 6.29　苏里格气田苏五区块三维工区位置示意图

维野外施工参数差异很大。南北向联络测线地震资料对比可以看出,2004 年度三维资料品质较好,盒 8 底界反射波组特征稳定、易于对比追踪(图6.30(a));而 2006 年度三维资料品质相对较差,盒 8 底界反射波组特征空间变化较大、不易对比追踪(图6.30(b),6.30(c))。

角道集资料显示,2004 年度三维资料振幅随入射角变化特征明显,最大入射角达 30°,但盒 8 底界和山西组反射同相轴未被完全校平,虽然在 AVO 正演道集中这一现象确实存在,但其时移量相对较小,因此,可能的解释就是在目的层段叠加速度偏大、动校不足引起(图6.31(a),6.31(b));而 2006 年度三维资料盒 8 底界和山西组反射同相轴动校正合理,但波组特征及其振幅随入射角

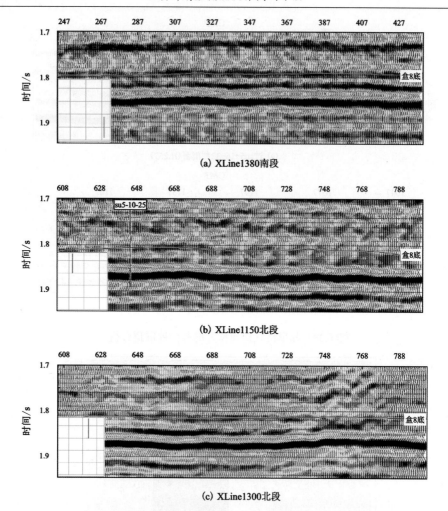

(a) XLine1380南段

(b) XLine1150北段

(c) XLine1300北段

图 6.30 苏五区块联片三维部分剖面显示

变化关系难以分辨(图6.31(c),6.31(d)),不利于 AVO 分析,且最大入射角相对较小,不足 25°,虽然入射角范围满足 AVO 分析要求,但在地球物理参数重构时略显不足,重构精度可能要受一定影响。

以本溪组强反射作为标志层进行合成记录标定,结果表明,盒 7 段至盒 8 段在地震剖面上整体表现为"两峰一谷"(图6.32),由于辫状河改道频繁,砂、泥岩不等厚交错沉积造成盒 8 底界岩性组合空间差异加大,使得该组反射特征不稳定,造成含气砂岩段的顶界和底界难以在地震记录上准确标定与解释。

在单井标定基础上,利用多口井的声波测井资料内插构建地球物理模型(图6.33(a)),其自激自收正演结果与实际地震剖面相似程度很高,盒 8 底界附近反射均呈波状特征(图6.33(b),6.33(c)),难以准确解释砂岩底界,这就进一步增加了砂岩段孔隙流体判别的难度。

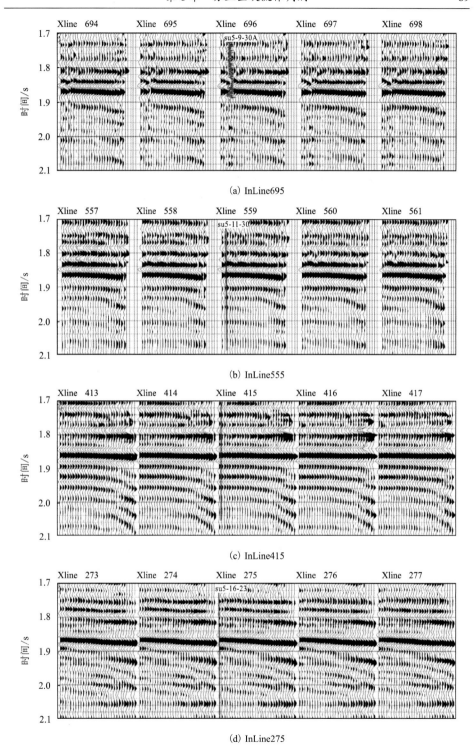

图 6.31 苏五区块联片三维部分角道集显示

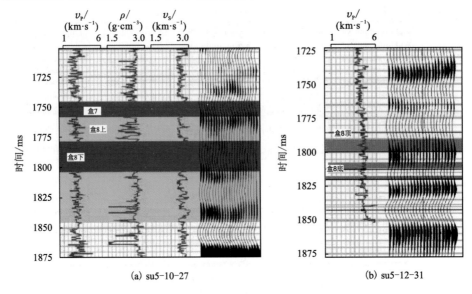

(a) su5-10-27　　　　(b) su5-12-31

图 6.32　苏五区块典型井合成记录标定图

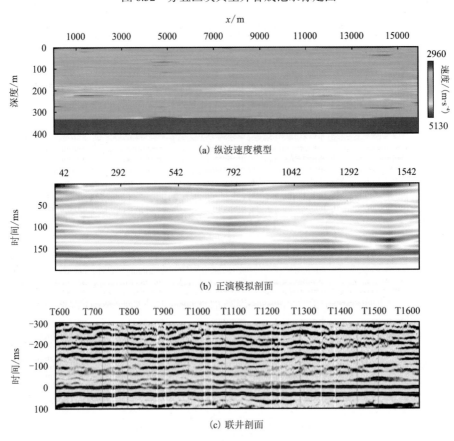

(a) 纵波速度模型

(b) 正演模拟剖面

(c) 联井剖面

图 6.33　苏五区块典型井联井地球物理模型

6.3.2 密度反演

前人研究及本区测井资料分析均已表明,孔隙流体变化,特别是岩性变化能够引起密度的可观测变化,属性交会分析结果也表明,横波阻抗–密度交会和横波速度–密度交会能够有效区分孔隙流体,因此,研究储层段密度的平面展布特征就显得尤其重要。

岩石储层物性参数反演是近年来发展起来的一种反演方法,其目的是将地震数据与地质认识更紧密地结合起来,为储层解释及油气判别提供依据。传统的岩石物性参数方法认为,岩石的某一种物性参数与地震数据的一种属性相关(Wyllie 时间平均方程认为岩石的孔隙度与其骨架速度相关),即假定其间存在线性关系:

$$y = a + bx \tag{6.7}$$

式中,y——岩石的某一种物性参数;

x——某一种地震属性;

a、b——拟合系数。

则系数 a、b 可以通过均方误差的极小化得到:

$$E^2 = \frac{1}{N} \sum_{i=1}^{N} (y_i - a - bx_i)^2 \tag{6.8}$$

式中,E——预测误差,表示拟合的线性关系式与数据散点的符合程度。

而岩石的某一种物性参数由多种因素决定,即与地震数据的多种属性有关,则该物性参数可由多元线性回归得到。假定使用 n 种地震属性,则有

$$L(t) = w_0 + w_1 A_1(t) + w_2 A_2(t) + \cdots + w_n A_n \tag{6.9}$$

式中,w_i——地震属性的权重,$i = 0, 1, 2, \cdots, n$。

式(6.9)中的权值同样可通过均方误差的极小化得到:

$$E^2 = \frac{1}{N} \sum_{i=1}^{N} (L_i - w_0 - w_1 A_{1i} - w_2 A_{2i} - \cdots - w_n A_{ni})^2 \tag{6.10}$$

应用多属性回归算法时,假设每种属性都只有一个权值,而测井曲线(岩石的物性参数)的频率远比地震属性的频率高,基于样点间的相关并不一定是最优化的。因此,Daniel 等(2001)提出某点的岩石物性参数与一段连续的地震属性样点相关,即引入褶积算子,则式(6.9)变为

$$L = v_0 + v_1 * A_1 + v2 * A_2 + \cdots + v_n A_n \tag{6.11}$$

式中,v_i——具一定长度的权重算子,$i = 0, 1, 2, \cdots, n$;

$*$——褶积运算符号。

同理,权重算子可以通过均方误差的极小化得到:

$$E^2 = \frac{1}{N} \sum_{i=1}^{N} (L_i - v_0 - v_1 * A_{1i} - v_2 * A_{2i} - \cdots - v_n * A_{ni})^2 \qquad (6.12)$$

具体实现时采用神经网络对地震属性进行选取,当误差小于一定程度或误差减小非常缓慢时停止训练,并采用交叉验证法(屏蔽某一井点的数据进行预测,计算预测值与实际测量值之差)计算数据集用于最终预测时的误差。

密度反演结果(图6.34)显示,研究区东北部的 su5-9-30 井区、东南部 su5-16-31 井区、西南部 su5-16-24 井区和中部偏西部位的 su5-11-24 井区平均密度值较低,预示着该区域岩性可能是砂岩或储层段含气。

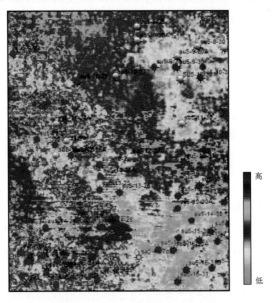

图 6.34　盒 8 段密度反演结果

6.3.3　振幅属性分析

地震属性是蕴含在地震反射波中的有关地震波的几何形态、运动学特征、动力学特征和统计学特征的信息,它能从多方面反映地下特殊地质现象和流体特征等,地震属性分析已成为精细储层描述的重要手段。

多个模型的自激自收正演结果以及井旁道分析都表明,无论含气砂岩段处于层内何位置,孔隙流体变化在振幅信息上都有不同程度的反映。对盒 8 段储层而言,钻井结果表明,含气段多位于下段,而下段含气的响应特征为亮点,因此,可以利用振幅信息大致预测储层段的含气性。

据此提取盒 8 段底界反射之上 10 ms 处的平均振幅,结果(图6.35)表明,东南部 su5-16-31 井区、西南部 su5-16-24 井区和中部偏西部位 su5-11-24 井区能量较强,钻、测井显示该区域含气性好,预测结果与实钻吻合率较高;工区东北部 su5-9-30 井区能量也较强,但钻井显示 II 类井居多,预测结果与实钻基本吻合。

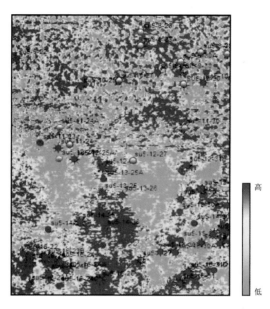

图 6.35　盒 8 段平均振幅平面图

6.3.4　AVO 分析

1. 角道集分选

　　常规资料处理得到的 CMP 道集是炮检距的函数,对于同一记录道而言,其不同时间深度处接收到的反射波偏移距相同,而入射角不同(图6.36(a)),而 AVO 分析的是地震反射振幅随入射角的变化,这就必须把固定炮检距的道集记录转换成固定入射角的道集记录——角道集(图6.36(b))。

　　在局部范围内,可以假定地层为水平层状的各向同性介质,根据射线理论,地震反射波传播路径上各点的反射角 (与入射角相同)可以由所需分析的时间深度处的角度确定:

$$\theta_i = \arcsin\left(\frac{v_i}{v_{i-1}} \sin\theta_{i-1}\right) \qquad i = 1, 2, \cdots, n \qquad (6.13)$$

　　其偏移距可由

$$x = \sum_{i=0}^{n} v_i \tan\theta_i \mathrm{d}t \qquad (6.14)$$

确定。

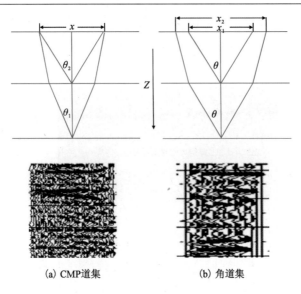

(a) CMP道集　　　　　　(b) 角道集

图 6.36　角道集分选示意图

2. AVO 拟合分析

采用不同的 Zoeppritz 近似方法, 通过属性拟合可以得到不同的属性参数集, 目前业界广泛采用的近似方法主要是 Shuey 近似和 Fatti 近似。

1) Shuey 近似分析结果

根据 Zoeppritz 方程的 Shuey 近似表达式 $R_\theta = P + G\sin^2\theta$, 利用角道集数据不仅可以得到近似零偏移距的 P 波叠加剖面, 还可以得到反映纵波反射振幅随偏移距 (入射角) 变化关系的梯度剖面, 但这两种属性剖面缺少明确的地质含义, 难以有效地用于孔隙流体判别。通过引入纵横波速度比为 2 这一前提假设, 经数学变换后可以得到岩性指示剖面 (拟泊松比剖面) 和流体因子剖面 (积剖面), 其中, 拟泊松比剖面 $(P + G)$ 反映了岩石泊松比的相对变化, 低值指示砂岩, 而高值指示泥岩或未固结砂岩; 积剖面 $(P \times G)$ 中大的正异常反映经典砂泥岩层序中的含气砂岩。

研究区盒 8 段流体因子平面图 (图6.37) 显示, 东南部 su5-16-31 井区、西南部 su5-16-24 井区和中部偏西部位 su5-11-24 井区为高值, 应为含气区域, 与实钻井吻合, 而其他地区与实钻吻合程度较差, 其原因就是纵横波速度比等于 2 这一前提假设与本区实际情况 (1.7 左右) 不符。

2) Fatti 近似分析结果

研究区 Fatti 近似所得的伪纵波阻抗变化率 (图6.38(a)) 和伪横波阻抗变化率 (图6.38(b)) 只在极少数地区能够与钻井、测井结果较好地对应。

究其原因, 纵波阻抗变化率的变化既可能是岩性变化反映, 也有可能是孔隙流体变化的反映; 而伪横波阻抗变化率变化只反映岩性变化。

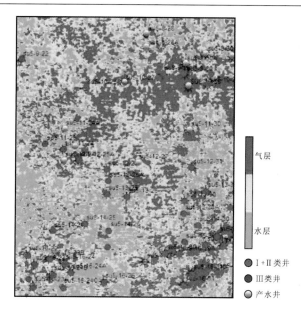

图 6.37　盒 8 段 Shuey 近似流体因子平面图

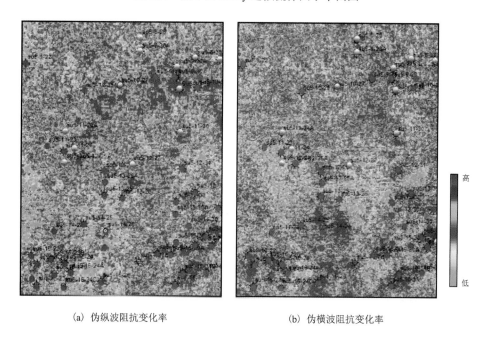

(a) 伪纵波阻抗变化率　　　　　　　　　　(b) 伪横波阻抗变化率

图 6.38　盒 8 段 Fatti 近似属性平面图

　　流体因子平面图(图6.39)显示,研究区东南部 su5-16-31 井区、西南部 su5-16-24 井区和中部偏西部位 su5-11-24 井区应为含气区域,与实钻井吻合;而其余部分区域的参数值趋于 0,即难以判别流体特征。部分地区与实钻吻合程度稍差,其原因主要有两方面:一是纵横波速度比为 2 这一前提假设与

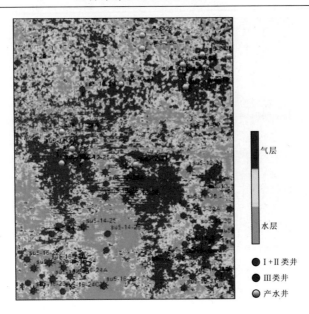

图 6.39　盒 8 段 Fatti 近似流体因子平面图

本区实际情况(1.7 左右)不符；其二就是 Castagna 定义的区分砂、泥岩和盐水饱和岩石的泥岩线方程与研究区目的层的实际不符。

3) 本书近似分析结果

　　目前业界常用的 AVO 近似方法在实际应用中都使用纵横波速度比近于 2 这一前提假设条件，但这一假设在大部分地区并不成立，且多没有考虑密度变化。而随着孔隙流体的变化，介质的纵波速度和密度会随之变化(Mallick, 2007)。为此，针对致密碎屑岩储层特点，重新整理 Aki & Richards 方程，结合本区岩芯资料实验室分析结果，可得本区流体因子：

$$\Delta F = \Delta v_S - 0.714 \Delta v_P \qquad (6.15)$$

其地球物理含义为：① $\Delta F < 0$，表明储层内的孔隙流体为气的可能性较大；② $\Delta F \approx 0$，表明储层内的孔隙流体可能为水，也可能是气；③ $\Delta F > 0$，表明储层内的孔隙流体可能为水的可能性较大。

　　流体因子平面图(图6.40)显示，研究区东南部 su5-16-31 井区、中部偏西部位 su5-11-24 井区预测含气区域与实钻井吻合较好，西南部 su5-16-24 井区预测的可能含气区域实钻为富含气，东北部 su5-9-30 井区预测的可能含气区域实钻为含气，基本吻合。

6.3.5　岩石物理参数重构

　　自弹性阻抗、扩展弹性阻抗概念提出以来，目前主要采用不同角度的弹性阻抗交会来预测可能的流体分布或岩性分布，而岩性变化或孔隙流体变化势

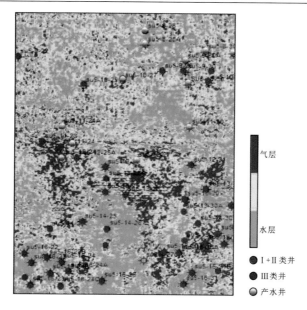

图 6.40　盒 8 段本书近似流体因子平面图

必引起岩层纵波速度、横波速度和密度的变化,反之,就可以通过其速度和密度变化研究孔隙流体或岩性分布,而多角度的弹性阻抗反演为单纯利用纵波信息重构岩层的纵波速度(阻抗)、横波速度(阻抗)和密度提供了可能。

1. 弹性阻抗反演

　　角道集数据的分角度叠加是提高资料信噪比、提高反演精度的有效途径,根据研究区资料的入射角范围,实际处理时共抽取了 5 个角度(5°、10°、15°、20°、25°)。弹性阻抗反演的工作流程与常规的纵波波阻抗反演没有本质区别,所有叠后反演方法在弹性阻抗反演时也都适用,唯一的差异就是需要针对不同入射角提取相应的角度子波,具体流程见图6.41。

　　子波提取是地震资料反演中最关健的一环,所提取子波的品质直接影响反演质量。常用的主要有两种方法:一是最小平方求解法,即利用声波测井资料求取反射系数序列[$\xi(t)$],并使合成地震记录与井旁地震道[$s(t)$]的方差达到极小,由于其过于追求合成地震记录与井旁道的最佳逼近,受地震资料信噪比和测井误差影响较大,特别是声波测井资料的误差导致子波振幅谱的畸变和相位谱的扭曲,造成提取的子波旁瓣较多,振幅谱与实际资料相差很大,不利于后续阻抗反演处理;另一种是多道统计法,即利用多道地震记录通过自相关统计法提取子波,由于采用多道统计,其振幅谱的信息来自实际地震资料,相位谱主要通过合成地震记录的对比分析及地震数据的极性确定,其频谱与地震记录吻合较好,是目前普遍采用的子波提取方法。

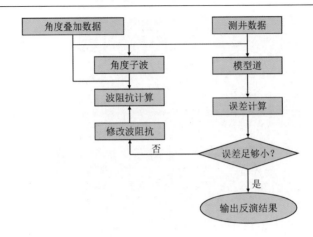

图 6.41　弹性阻抗反演流程

　　本书采用多道统计法提取各个入射角的子波,结果(图6.42,图6.43)表明,入射角小于 15°时,各井点提取的子波相对稳定,且合成记录与实际资料的相关系数为 0.520~0.835,相关性较好;由于盒 8 底界和山西组反射同相轴未被校平,入射角为 25°时提取的子波和小角度子波存在较大的相位差,且相关性极差,最大相关系数只有 0.275,这就使得 25°的弹性阻抗反演结果的可靠性相对较差。

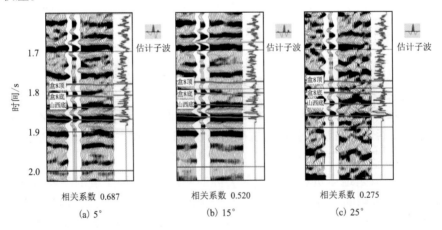

图 6.42　su5-10-27 井共角度道集子波提取与标定图

2. 岩石物理参数重构

　　前已述及,利用多角度的弹性阻抗数据进行岩石物理参数(纵波速度、横波速度和密度)重构,进而利用孔隙流体差异引起的横波速度(阻抗)和密度的变化特征进行流体和岩性判别是弹性阻抗反演的最终目的。目前,成熟的商业软件在实现过程中大多采用纵横波速度比为 2 这一假设,并忽略了密度信

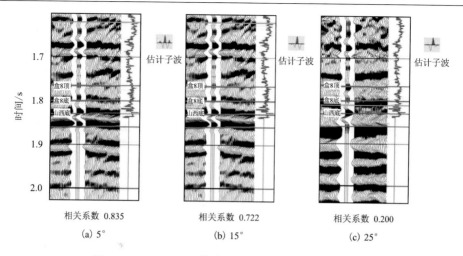

相关系数 0.835   相关系数 0.722   相关系数 0.200

(a) 5°   (b) 15°   (c) 25°

图 6.43 su5-12-31 井共角度道集子波提取与标定图

息。由于 25°角度子波相关性较差,重构时采用的入射角范围是 5°~20°。

研究区岩石物理参数重构结果表明:① 常规算法(图6.44(a))与本书算法(图6.44(b))所得到的纵波阻抗差异较小,但研究区北部本书算法所得结果细节刻画更细致,更符合地质规律;② 常规算法(图6.45(a))与本书算法(图6.45(b))所得到的横波阻抗差异明显,特别是 su5-11-20—su5-11-24A 一线以北区域,常规算法所得结果异常杂乱;③ 本书算法得到的密度重构结果(图6.46)较物性参数反演更符合地质规律。

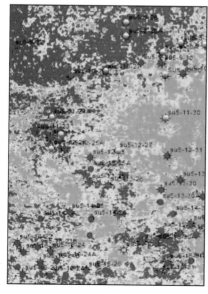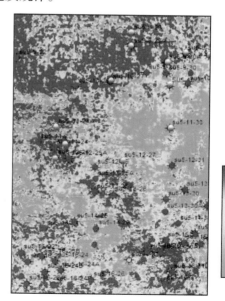

低

高

(a) 其他商业软件   (b) 本书方法

图 6.44 纵波阻抗重构结果

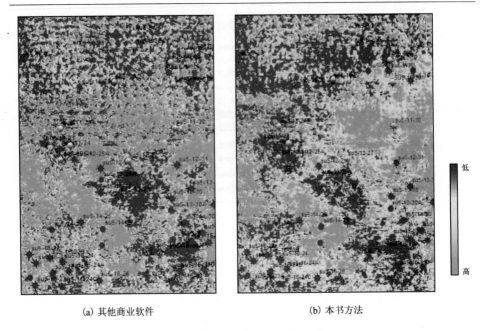

(a) 其他商业软件　　　　　　　　　　　　　(b) 本书方法

图 6.45　横波阻抗重构结果

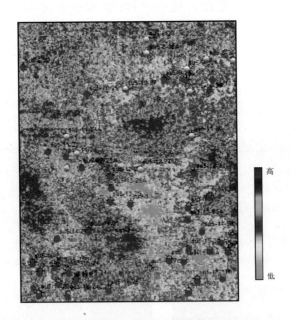

图 6.46　密度重构结果

利用实验室岩石物理参数测定所得流体判别方程,以及纵波阻抗、横波阻抗重构结果得到研究区盒 8 段流体分布。结果(图6.47)表明,东南部su5-16-31 井区、中部偏西的 su5-11-24 井区、西南部 su5-16-24 井区和东北部 su5-9-30 井区预测含气区域与实钻井吻合较好。

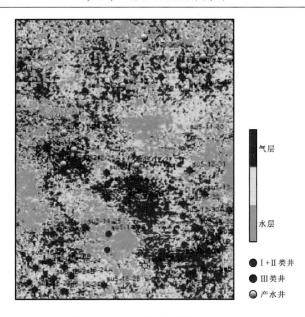

图 6.47　盒 8 段流体因子平面图

6.3.6 综合预测

受应用条件限制,前述各种方法所得到的盒 8 段流体因子平面图各不相同,为了准确预测储层段的含流体特征,减小单一方法预测结果的非唯一性,需要对各种方法所得结果进行综合分析,而各属性的交集能最大限度地降低单属性预测的不确定性。在具体实现过程中,由于弹性阻抗是从 Aki-Richards 近似直接推导得出,其精度相对较高,所占权重就相应较大;AVO 反演过程中采用了多次近似,其误差相对较大,叠后振幅信息的预测结果具多解性,因此这两类信息所占权重较小。

含气性综合预测结果(图6.48)表明,研究区东南部 su5-16-31 井区、中部偏西的 su5-11-24 井区、西南部 su5-16-24 井区以及北部的 su5-10-25 井区各种属性的含气响应都较好,含气可能性最大;东北部 su5-9-30 井区各种属性的含气响应也都较好,但岩石的密度相对较大,显示其压实作用更强、或分选较差等因素导致孔隙度降低,虽是可能含气区,但储层可能相对较差;另外,研究区内的 4 个绿色区域各种属性的含水响应都较好,且岩石的密度相对较大,将其归类为可能含水区域。

截至 2009 年底,研究区内共钻井 57 口,其中产水井 12 口。综合预测结果表明,预测的 I 类可能含气区(图中红色区域)内有 3 口井产水,预测的 II 类可能含气区(图中粉色区域)内有 2 口井产水;预测的气水皆有可能的(图中黄色区域)区域内有 6 口井为 I 类井,共有 11 口井预测与实钻不符,预测符合率80.7%。

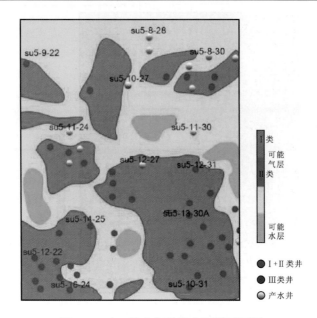

图 6.48　盒 8 段含气性综合预测平面图

6.4　小　　结

AVO 正演分析表明,孔隙流体为水时盒 8 段表现为 IV 类砂岩响应;孔隙流体为气时,表现为 III 类砂岩响应。多个模型的自激自收正演结果表明,无论含气砂岩段处于层内何位置,流体变化在振幅信息上都有不同程度的反应,可以通过振幅变化大致预测孔隙流体类型,但具体位置难以准确判定。实际资料的流体判别分析表明,三参量 AVO 分析结果与实钻吻合较好,不依赖速度比假设的岩石物理参数重构算法所得到的横波和密度信息能够更真实地反映岩层的岩性和孔隙流体信息,两种方法的有机结合能够更有效地进行流体判别。

参 考 文 献

曹敬华,周文,邓礼正,等. 2001. 鄂北杭锦旗地区下石盒子组储层物性特征及评价[J]. 物探
　　化探计算技术,29(1):30-34.

曹孟起,王九栓,邵林海. 2006. 叠前弹性波阻抗反演技术及应用[J]. 石油地球物理勘探,
　　41(3):323-326.

丁晓琪,张哨楠. 2011. 鄂尔多斯盆地西南缘中生界成岩作用及其对储层物性的影响[J]. 油
　　气地质与采收率,18(1):18-22.

樊爱萍,赵娟,杨仁超,等. 2011. 苏里格气田东二区山1段、盒8段储层孔隙结构特征[J]. 天
　　然气地球科学,22(3):482-487.

樊太亮,郭齐军,吴贤顺. 1999. 鄂尔多斯盆地北部上古生界层序地层特征与储层发育规
　　律[J]. 现代地质,13(1):32-36.

付金华,段晓文,姜英昆. 2001,鄂尔多斯盆地上古生界天然气成藏地质特征及勘探方法[J].
　　中国石油勘探,6(4):68-75.

关德师,牛嘉玉. 1995. 中国非常规油气地质[M]. 北京:石油工业出版社.

何诚,蔡友洪,李邗,等. 2005. AVO属性交会图解释技术在碳酸盐岩储层预测中的应用[J].
　　石油地球物理勘探,40(6):711-715.

何樵登. 1988. 地震波理论[M]. 北京:地质出版社.

何顺利,兰朝利,门成全. 2005. 苏里格气田储层的新型辫状河沉积模式[J]. 石油学报,
　　26(6):25-29.

贺保卫,潘仁芳,莫午零,等. 2005. 用AVO方法从定性到半定量检测砂岩含气性[J]. 断块油
　　气田,12(1):19-20.

惠宽洋,张哨楠,李德敏,等. 2002. 鄂尔多斯盆地北部下石盒子组—山西组储层岩石学和
　　成岩作用[J]. 成都理工学院学报,29(3):272-278.

李红,柳益群,刘林玉. 2006. 鄂尔多斯盆地西峰油田延长组长$_8$低渗透储层成岩作用[J]. 石
　　油与天然气地质,27(2):209-217.

李剑,谢增业. 2001. 塔里木盆地库车坳陷天然气气源对比[J]. 石油勘探与开发,28(5):
　　29-32.

李正文,胡光岷. 1996. P-SV波AVO分析[J]. 成都理工学院学报,23(4):73-79.

刘喜武,年静波,吴海波. 2005. 几种地震波阻抗反演方法的比较分析与综合应用[J]. 世界地
　　质,24(3):270-276.

刘亚明. 2005. 含气碳酸盐岩的AVO异常响应特征分析——以川东建南气田区为例[J]. 中
　　国海上油气,17(2):92-93.

陆基孟. 1994. 地震勘探原理[M]. 东营:石油大学出版社.

马劲风. 2003. 地震勘探中广义弹性阻抗的正反演[J]. 地球物理学报,46(3):118-124.

彭真明,李亚林,梁波,等. 2007. 叠前弹性阻抗在储层气水识别中的应用[J]. 天然气工业,
　　27(4):43-45.

饶秦晶, 穆曙光, 朱心万, 等. 2010. 苏里格桃七区块盒 8 段储层储集空间特征[J]. 天然气技术, 4(3): 14-16.

孙鹏远, 孙建国, 卢秀丽. 2003. P-SV 波 AVO 分析[J]. 石油地球物理勘探, 38(2): 131-135.

孙鹏远, 孙建国, 卢秀丽. 2006. P-SV 波反射系数近似及其 AVO 属性特征[J]. 地球学报, 27(1): 85-89.

唐海发, 彭仕宓, 赵彦超. 2007. 致密砂岩储层物性的主控因素分析[J]. 西安石油大学学报: 自然科学版, 22(1): 59-63.

田昌炳, 于兴河, 徐安娜, 等. 2003. 我国低效气藏的地质特征及其成因特点[J]. 石油实验地质, 25(3): 235-238.

王保丽, 印兴耀, 张繁昌. 2005. 弹性阻抗反演及应用研究[J]. 地球物理学进展, 20(1): 89-92.

王大兴, 于波, 高俊梅. 2001. 高阻抗砂岩气藏的 AVO 分析[J]. 石油地球物理勘探, 36(3): 301-307.

王霞, 张延庆, 于志龙, 等. 2011. 叠前反演结合地质统计模拟预测薄储层[J]. 石油地球物理勘探, 46(5): 744-748.

王涛. 1997. 加强深盆气的研究和勘探——在陕甘宁盆地深盆气专题研讨会上的讲话[J]. 天然气工业, 17(4): 1-4.

王香文, 于常青, 董宁, 等. 2006. 储层综合预测技术在鄂尔多斯盆地定北区块的应用[J]. 石油物探, 45(3): 267-271.

王泽明. 2010. 致密砂岩气藏储层特征及有效储层识别研究[D]. 北京: 中国地质大学(北京).

魏红红, 彭惠群, 李静群, 等. 1998. 鄂尔多斯盆地石炭二叠系沉积特征与储集条件[J]. 石油与天然气地质, 19(2): 136-141.

文华国, 郑荣才, 高红灿, 等. 2007. 苏里格气田苏 6 井区下石盒子组盒 8 段沉积相特征[J]. 沉积学报, 25(1): 90-98.

武丽, 施炜, 董宁, 等. 2005. 鄂尔多斯盆地塔巴庙区块下石盒子组砂岩储层含气性预测[J]. 地质力学学报, 11(3): 226-234.

谢用良. 2006. 川西丰谷地区三维 AVO 油气检测技术应用研究[J]. 天然气工业, 26(3): 46-49.

许多, 李正文, 李显贵, 等. 2001. 非均质气藏 AVO 反演及应用研究[J]. 矿物岩石, 21(1): 86-90.

杨华, 付金华, 刘新社, 等. 2012. 苏里格大型致密砂岩气藏形成条件及勘探技术[J]. 石油学报, 33(S1): 27-36.

杨慧珠, 阴可. 1996. 用切变模量近似 P-SV 波反射系数及在多波 AVO 反演中的意义[J]. 石油地球物理勘探, 31(3): 374-381.

杨仁超, 王秀平, 樊爱萍, 等. 2012. 苏里格气田东二区砂岩成岩作用与致密储层成因[J]. 沉积学报, 30(1): 111-119.

杨绍国, 周熙襄. 1994. Zoeppritz 方程的级数表达式及近似[J]. 石油地球物理勘探, 29(1): 399-412.

殷八斤, 杨在岩, 曾灏. 1995. AVO 技术的理论与实践[M]. 北京: 石油工业出版社.

阴可, 杨慧珠. 1998. 各向异性介质中的 AVO[J]. 地球物理学报, 41(1): 382-390.

印兴耀, 袁世洪, 张繁昌. 2004. 从弹性波阻抗反演中提取岩石物理参数[C]. CPS/SEG 国际地球物理会议论文集, 北京: CPS/SEG 国际地球物理会议.

印兴耀, 张繁昌, 孙成禹. 2010. 叠前地震反演[M]. 东营: 中国石油大学出版社.

苑书金. 2007. 叠前地震反演技术的进展及其在岩性油气藏勘探中的应用[J]. 地球物理学进展, 22(3): 879−886.

苑书金, 董宁, 于常青. 2005. 叠前联合反演 P 波阻抗和 S 波阻抗的研究和应用[J]. 石油地球物理勘探, 40(3): 339−342.

赵靖舟. 2012. 非常规油气有关概念、分类及资源潜力[J]. 天然气地球科学, 23(3): 393−406.

郑晓东. 1991. Zoeppritz 方程的近似及其应用[J]. 石油地球物理勘探, 26(2): 129−144.

Aki K, Richards P G. 1980. Quantitative Seismology: Theory and Methods[M]. W. H. Freeman and Company.

An P, Moon W M, Kalantzis F. 2001. Reservoir characterization using seismic waveform and feed-forword neural networks[J]. Geophysics, 66(5): 1450−1456.

Angeleri G P, Carpi R. 1982. Porosity prediction from seismic data[J]. Geophysical Prospecting, 30(5): 580−597.

Avseth P, Mukerji T, Jrstad A, et al. 2001. Seismic reservoir mapping from 3-D AVO in a North Sea turbidite system[J]. Geophysics, 66(4): 1157−1176.

Bahorich M, Farmer S. 1995. 3-D seismic discontinuity for faults and stratigraphic features: The coherence cube[J]. The Leading Edge, 14(10): 1053−1058.

Barnes A E. 1991. Instantaneous frequency and amplitude at the envelope peak of a constant-phase wavelet[J]. Geophysics, 56(7): 1058−1060.

Barnes A E. 1993. Instantaneous spectral bandwidth and dominant frequency with applications to seismic reflection data[J]. Geophysics, 58(3): 419−428.

Berryman J G. 1999. Origin of Gassmann's equations[J]. Geophysics, 64(5): 1627−1629.

Bloch I, Colliot O, Camara O, et al. 2005. Fusion of spatial relationships for guiding recognition, example of brain structure recognition in 3D MRI[J]. Pattern Recognition Letters, 26(4): 449−457.

Bortfeld R. 1961. Approximations to the reflection and transmission coefficients of plane longitudinal and transverse waves[J]. Geophysical Prospecting, 9(4): 485−502.

Brown A R. 1996. Seismic attributes and their classification[J]. The Leading Edge, 15(10): 1090.

Burianyk M, Pickfort S. 2000. Amplitude-vs-offset and seismic rock property analysis: A primer[J]. CSEG Recorder, 25(9): 6−16.

Cambois G. 2000. AVO inversion and elastic impedance[C]. Calgary: 2000 SEG Annual Meeting.

Castagna J P, Smith S W. 1994. Comparison of AVO indicators: A modeling study[J]. Geophysics, 59(12): 1849−1855.

Castagna J P, Swan H W. 1997. Principles of AVO crossplotting[J]. The Leading Edge, 16(4): 337−344.

Castagna J P, Batzle M L, Eastwood R L. 1985. Relationships between compressional-wave and shear-wave velocities in clastic silicate rocks[J]. Geophysics, 50(4): 571−581.

Castagna J P, Swan H W, Foster D J. 1998. Framework for AVO gradient and intercept interpretation[J]. Geophysics, 63(3): 948−956.

Chen G, Matteucci G, Fahmy B, et al. 2008. Spectral-decomposition response to reservoir fluids from a deepwater West Africa reservoir[J]. Geophysics, 73(6): C23−C30.

Chen Q, Sidney S. 1997. Advances in seismic attribute technology[C]. Dallas: 1997 SEG Annual Meetin.

Chen Q, Sidney S. 1997. Seismic attribute technology for reservoir forecasting and monitoring[J]. The Leading Edge, 16(5): 445−448.

Cheng C H, Toksöz M N. 1981. Elastic wave propagation in a fluid-filled borehole and synthetic acoustic logs[J]. Geophysics, 46(7): 1042−1053.

Cohen F. 1997. Information system defences: A preliminary classification scheme[J]. Computers & Security, 16(2): 94−114.

Connolly P. 1999. Elastic impedance[J]. The Leading Edge, 18(4): 438−452.

Daniel P H, James S S, John A. Q. 2001. Use of multi-attribute transform to predict log properties from seismic data[J]. Geophysics, 60(1): 220−236.

Demmel J, Kahan W. 1988. Computing small singular values of bidiagonal matrices with guaranteed high relative accuracy[M]. New York University, Courant Institute of Mathematical Sciences, Computer Science Department, 1988.

Duffaut K, Alsos T, Rognø H, et al. 2000. Shear-wave elastic impedance[J]. The Leading Edge, 19(11): 1222−1229.

Fatti J L, Smith G C, Vail P J, et al. 1994. Detection of gas in sandstone reservoirs using AVO analysis: A 3-D seismic case history using the Geostack technique[J]. Geophysics, 59(9): 1362−1376.

Gassmann F. 1951. Elastic waves through a packing of spheres[J]. Geophysics, 16(4): 673−685.

Gersztenkorn A, Marfurt K J. 1999. Eigenstructure-based coherence computations as an aid to 3-D structural and stratigraphic mapping[J]. Geophysics, 64(5): 1468−1479.

Gersztenkorn A, Sharp J, Marfurt K. 1999. Delineation of tectonic features offshore Trinidad using 3-D seismic coherence[J]. The Leading Edge, 18(9): 1000−1008.

Gladwin M T, Stacey F D. 1974. Anelastic degradation of acoustic pulses in rock[J]. Physics of the Earth and Planetary Interiors, 8(4): 332−336.

Gomez C T, Tatham R H. 2007. Sensitivity analysis of seismic reflectivity to partial gas saturation[J]. Geophysics, 72(3): C45−C57.

González E F, Mukerji T, Mavko G, et al. 2003. Near and far offset P-to-S elastic impedance for discriminating fizz water from commercial gas[J]. The Leading Edge, 22(10): 1012−1015.

Goodway W. 2001. AVO and Lamé constants for rock parameterization and fluid detection[J]. CSEG Recorder, 26(6): 39−60.

Goodway W, Chen T, Downton J. 1997. Improved AVO fluid detection and lithology discrimination using Lamé parameters; $\lambda\rho$, $\mu\rho$ and λ/μ fluid stack from P and S inversions[C]//CSEG Convention Expanded Abstracts, 148−151.

Hampson D P, Schuelke J S, Quirein J A. 2001. Use of multiattribute transforms to predict log properties from seismic data[J]. Geophysics, 66(1): 220−236.

Hansen P C. 1987. The truncated SVD as a method for regularization[J]. BIT Numerical Mathematics, 27(4): 534−553.

Hilterman F J. 1983. Seismic lithology[J]. SEG Continuing Education Course, Society of Exploration Geophysicists, Tulsa.

Kalkomey C T. 1997. Potential risks when using seismic attributes as predictors of reservoir properties[J]. The Leading Edge, 16(3): 247-251.

Koefoed O, De Voogd N. 1980. The linear properties of thin layers, with an application to synthetic seismograms over coal seams[J]. Geophysics, 45(8): 1254-1268.

Leary P C, Henyey T L, Li Y G. 1988. Fracture related reflectors in basement rock from vertical seismic profiling at Cajon Pass[J]. Geophysical Research Letters, 15(9): 1057-1060.

Lu S, McMechan G A. 2004. Elastic impedance inversion of multichannel seismic data from unconsolidated sediments containing gas hydrate and free gas[J]. Geophysics, 69(1): 164-179.

Jones I F, Baud H, Henry B, et al. 2000. The effect of acquisition direction on preSDM imaging[J]. First Break, 18(9): 385-391.

Mallick S. 1993. A simple approximation to the P-wave reflection coefficient and its implication in the inversion of amplitude variation with offset data[J]. Geophysics, 58(4): 544-552.

Mallick S. 2006. "Amplitude-variation-with-offset," "elastic-impedance," and wave-equation synthetics−A modeling study[J]. Geophysics, 72(1): C1-C7.

Mallick S. 2001. AVO and elastic impedance[J]. The Leading Edge, 20(10): 1094-1104.

Mallick S, Huang X, Lauve J, et al. 2000. Hybird seismic inversion: A reconnaissance tool for deepwater exploration[J]. The Leading Edge, 19(11): 1230-1237.

Marfurt K J, Kirlin R L, Farmer S L, et al. 1998. 3-D seismic attributes using a semblance-based coherency algorithm[J]. Geophysics, 63(4): 1150-1165.

Marfurt K J, Sudhaker V, Gersztenkorn A, et al. 1999. Coherency calculations in the presence of structural dip[J]. Geophysics, 64(1): 104-111.

Matteucci G. 1996. Seismic attribute analysis and calibration: A general procedure and a case study[C]. 1996 SEG Annual Meeting, Society of Exploration Geophysicists.

Mavko G, Tapan Mukerji T. 1998. Bounds on low-frequency seismic velocities in partially saturated rocks[J]. Geophysics, 63(3): 918-924.

Mazzotti A. 1991. Amplitude, phase and frequency versus offset applications[J]. Geophysical Prospecting, 39(7): 863-886.

Michelena R J, González SM E, Capello de P M. 1998. Similarity analysis: A new tool to summarize seismic attributes information[J]. The Leading Edge, 17(4): 545-548.

Nowak E J, Swan H W, Lane D. 2008. Quantitative thickness estimates from the spectral response of AVO measurements[J]. Geophysics, 73(1): C1-C6.

O'Connell R J, Budiansky B. 1977. Viscoelastic properties of fluid-saturated cracked solids[J]. Journal of Geophysical Research, 82(36): 5719-5735.

Omidvar O, Dayhoff J. 1997. Neural networks and pattern recognition[M]. Academic Press.

Ostrander W J. 1984. Plane-wave reflection coefficients for gas sands at nonnormal angles of incidence[J]. Geophysics, 49(10): 1637-1648.

Regueiro J, Pena A. 1999. AVO in north of Paria, Venezuela: Gas methane versus condensate reservoirs[J]. Geophysics, 61(4): 937-946.

Robertson J D, Fisher D A. 1988. Complex seismic trace attributes[J]. The Leading Edge, 7(6): 22-26.

Ronen S, Schultz P S, Hattori M, et al. 1994. Seismic-guided estimation of log properties (Part 2: Using artificial neural networks for nonlinear attribute calibration)[J]. The Leading Edge, 13(6): 674-678.

Russell B, Hampson D, Schuelke J, et al. 1997. Multiattribute seismic analysis[J]. The Leading Edge, 16(10): 1439-1443.

Rutherford S R, Williams R H. 1989. Amplitude-versus-offset variations in gas sands[J]. Geophysics, 54(6): 680-688.

Sheriff R E. 1991. Encyclopedic dictionary of exploration geophysics[M]. Tulsa: Society of Exploration Geophysicists.

Shuey R T. 1985. A simplification of the Zoeppritz equations[J]. Geophysics, 50(4): 609-614.

Smith G C, Gidlow P M. 1987. Weighted stacking for rock property estimation and detection of gas[J]. Geophysical Prospecting, 35(9): 993-1014.

Smith T D, Sondergeld C H, Rai C S. 2003. Gassmann fluid substitutions: A tutorial[J]. Geophysics, 68(2): 430-440.

Spencer C W. 1985. Geologic aspects of tight gas reservoirs in the Rocky Mountain region[J]. Journal of Petroleum Technology, 37(7): 1308-1314.

Spencer C W. 1989. Review of characteristics of low-permeability gas reservoirs in western United States[J]. AAPG Bulletin, 73(5): 613-629.

Taner M T, Schuelke J S, O'Doherty R, et al. 1994. Seismic attributes revisited[J]. SEG Technical Program Expanded Abstracts, 1104-1106.

Ursenbach C P, Stewart R R. 2008. Two-term AVO inversion: Equivalences and new methods[J]. Geophysics, 73(6): C31-C38.

Wandler A, Evans B, Link C. 2007. AVO as a fluid indicator: A physical modeling study[J]. Geophysics, 72(1): C9-C17.

Wang Y. 1999. Approximations to the Zoeppritz equations and their use in AVO analysis[J]. Geophysics, 64(6): 1920-1927.

Whitcombe D N. 2002. Elastic impedance normalization[J]. Geophysics, 67(1): 60-62.

Yilmaz O. 1987. Seismic data processing[M]. Tulsa: Society of Exploration Geophysicists.

Zoeppritz K. 1919. On the reflection and propagation of seismic waves at discontinuities[J]. Erdbebenwellen VII B, 66-84.